BASTEI
LÜBBE
TASCHENBUCH

Über die Autorinnen:

Katja Schnitzler lebt in München. Sie ist Journalistin und verfasste für den Online-Auftritt der *Süddeutschen Zeitung* die Kolumne *Was ich an meinem Job hasse.* 2014 erschien ihr humorvoller Erziehungsratgeber *Ich zähle jetzt bis drei.*

Cordula Nussbaum lebt in München. Sie ist Wirtschafts-journalistin und gilt als einer der renommiertesten Job-Coachs in Deutschland. Sie hat bereits mehrere Bücher geschrieben, darunter die Bestseller *Organisieren Sie noch oder leben Sie schon?* und *Zeitmanagement. Mein Übungsbuch für mehr Zeit und Lebensqualität.* Weitere Infos finden Sie auf Seite 267.

Cordula Nussbaum
Katja Schnitzler

Mir reichts, ich geh schaukeln

Der ganz normale Wahnsinn
im Büro und wie man da nicht
verrückt wird

BASTEI
LÜBBE
TASCHENBUCH

BASTEI LÜBBE TASCHENBUCH
Band 61245

Dieser Titel ist auch als E-Book erschienen

Originalausgabe

Wen Sie gern als Kollegen hätten

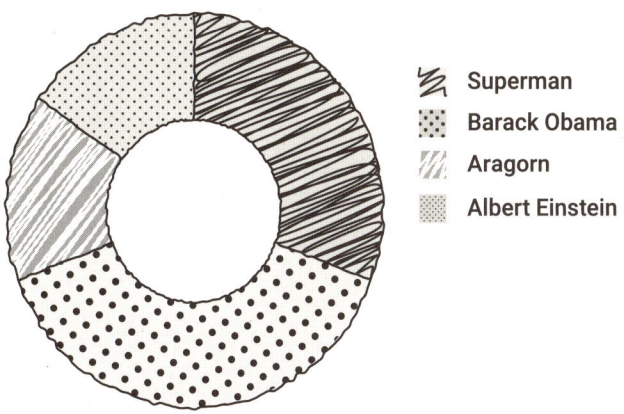

- ▨ Superman
- ▦ Barack Obama
- ▨ Aragorn
- ▦ Albert Einstein

Wer tatsächlich neben Ihnen im Büro sitzt

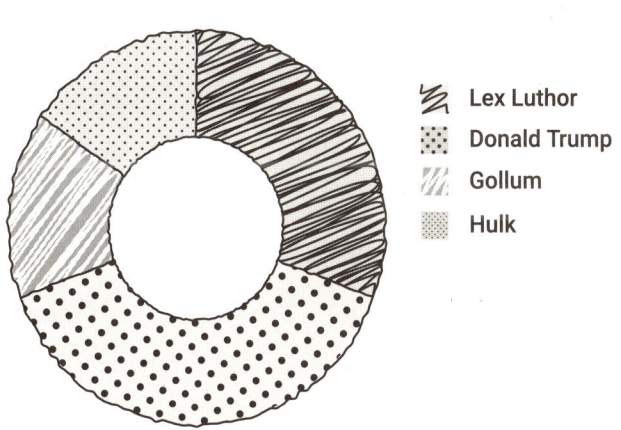

- ▨ Lex Luthor
- ▦ Donald Trump
- ▨ Gollum
- ▦ Hulk

Inhalt

Vorwort

Sisyphos hätte ein recht angenehmes Leben haben können. Nach einigen Jahrhunderten hatte er den Dreh mit dem Stein heraus, die Aufgabe war klar umrissen: Ist der Brocken unten, muss er wieder hoch; kurz vor dem Gipfel kommt dann stets der Absturz. Diese Gleichförmigkeit hätte ihm eigentlich genug Raum für geistige Freiheit gelassen: Sisyphos hätte über den Lauf der Welten, die Ironie seines Schicksals, die Legitimation der Götter und über das Ego der Menschen im Allgemeinen und seines im Besonderen sinnieren können. Doch Sisyphos war nicht allein.

Was Homer in der Überlieferung weggelassen hat (das nennt man wohl dichterische Freiheit): An Sisyphos' Berg tummelten sich seine Schicksalsgenossen und hielten ihn von der Arbeit ab. Die ersten hundert Meter konnte er noch zügig im Takt von Stemmen, Schieben, Rollen, Stemmen, Schieben, Rollen bewältigen. Dann aber brachte ihn die lautstarke Nachfrage seiner benachbarten Kollegin Agrafena (*die Unbeschreibliche*) aus dem Rhythmus, ob es Nektar oder doch schon wieder Ambrosia zum Abendessen gebe? Sisyphos sehnte sich nach einem Götterverbot, welches das Anrufen des Orakels während der Arbeitszeit endlich strikt untersagte.

Auch irritierten ihn die Schwärme von Brieftauben, die ständig auf seinem Felsen landeten und um Aufmerksamkeit gurrten: Die Korrespondenz mit dem Gott der Unterwelt konnte nicht warten. Hades langweilte sich offenbar unterirdisch und bestand daher auf Dauerkonversation, Antwort *asap*.

Kurz vor der Bergspitze stellte sich ihm Kollege Tichon *(der Glückliche)* in den Weg: Sisyphos eile doch ein Ruf als wahrer Meister des Felsbrocken-Rollens voraus, er selbst habe da große Probleme … ob Sisyphos als guter Kollege vielleicht seinen Brocken ein Stück weit mitschieben könne? Der Weg war steil, Sisyphos außer Atem und trotzdem kein großer Nein-Sager: Vier Meter schaffte er noch mit den beiden Felsbrocken, dann rollten sie ins Tal, einer dabei über seinen Fuß.

Bald plagten Selbstzweifel den armen Sisyphos: War er der Aufgabe wirklich gewachsen? Wieso schaffte es Kollege Aristeides *(der Beste)* in weitaus geringerer Zeit zum Gipfel, dessen Felsbrocken war doch genauso groß wie seiner? Lag es etwa daran, dass Sisyphos vor dem Losrollen erst nach dem Wetter schaute? Dass er noch prüfte, wie trocken der Boden am Fuß des Berges war, und die Route nach oben abermals überplante? Dass er anschließend mit Kollegin Eulalie *(die, die gern redet)* ein Käffchen trank und dabei den neuesten Klatsch von der anderen Seite des Berges erfuhr? Bevor er sich schließlich ans Schieben machte, inspizierte Sisyphos lieber ein weiteres Mal die Wolken – nicht dass ihn womöglich auf halber Strecke ein Regenguss überraschte. Wobei es in der Unterwelt zuletzt vor 3729 Jahren geregnet hatte. Aber sicher war sicher …

Sisyphos' Erben sitzen heute in Büros und wälzen keine Felsbrocken, sondern Berge von Arbeit hin und her. Und wenn sie denken, der Karrieregipfel sei ganz nah – kommt hinter der nächsten Ecke ein Kollege hervorgesprungen und grätscht beim Endspurt dazwischen: mit Mail-Attacken, mit Grippe-Erregern, an denen er alle anderen großzügig teilhaben lässt, mit nervenzerfetzendem Verhalten, das einfach von der Arbeit ablenken muss. Und dann kann man sich nicht einmal Urlaub nehmen, weil alle anderen schon verreist sind!

Oder aber der Büroarbeiter steht sich selbst im Weg. Weil sich sein Hirn vor Aufregung auf »Aus« stellt, wenn er einen Vortrag halten muss. Oder er die wichtigen Unterlagen in dem Chaos, den er Schreibtisch nennt, nicht mehr findet. Oder weil er seine Konzentration von jedem Hauch einer Ablenkung … liebe Leserin, lieber Leser, entschuldigen Sie bitte, da plingt eine Mail, wir sind gleich wieder für Sie da …

So, jetzt sind wir ganz bei Ihnen … worauf wir eigentlich hinauswollten: Sie sind nicht allein im Büro des Wahnsinns, und damit meinen wir ausnahmsweise nicht (nur) Ihre Kollegen. Auch in anderen Firmen bringen die Macken der Mitarbeiter zu viele an den Rand des Nervenzusammenbruchs – und die eigenen, klitzekleinen Fehlerchen machen es nicht besser.

Wahrscheinlich werden Sie in diesem Buch nicht nur etliche Büronachbarn, sondern manchmal vielleicht sich selbst wiedererkennen. Wir sind schließlich auch nur Kollegen.

Doch bevor Sie sich nun wie Sisyphos in Ihr Schicksal ergeben: Wir lassen Sie nicht allein!

Nachdem Katja Schnitzler die nervenzehrenden Zustände im Büro mit Humor skizziert hat, zeigt Cordula Nussbaum, wie Sie künftig Ihr Arbeitsleben sehr viel angenehmer gestalten können und selbst der kantigste Felsbrocken zur leicht rollenden Steinkugel wird.

Denn wir alle verbringen viel zu viel Zeit im Büro, um es uns dort nicht schöner zu machen – und um auch im Wahnwitz des Alltags nie zu vergessen: Die spinnen zwar, die Kollegen. Aber das ist kein Grund, durchzudrehen.

Viel Vergnügen also beim Kampf gegen Kaffeeküchen-Chaos,

beim Überstehen von Konferenzen mit hoher Karriere-Gockel-Teilnahme, beim Verbrennen von To-do-Listen …

… aber vor allem beim Lesen dieses Buches!

Mit kollegialen Grüßen
Ihre Katja Schnitzler und Cordula Nussbaum

PS: Mit diesem Buch wollen wir Sie gut unterhalten – deshalb haben die Tipps zu den Glossen keinen Anspruch auf Vollständigkeit. Wir haben uns hier bewusst kurzgefasst, um Ihnen eine erste Inspiration zu geben. Und wann immer Ihnen ein »ja, aber …« in den Sinn kommt, dann tauchen Sie gern tiefer in die Tipps zu einem gelungenen Selbstmanagement und einem erfüllten Tun ein. Entsprechende Buch-Tipps finden Sie im Anhang.

Wann wir unseren Bürojob doof finden

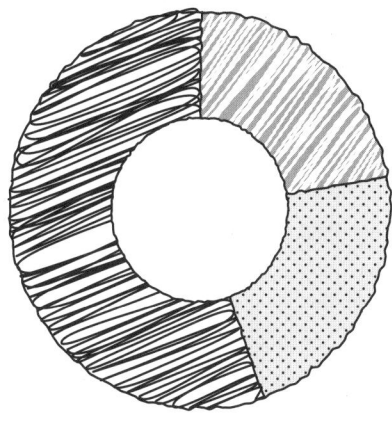

/// Im Sommer

::: Morgens um 7 Uhr

≋ Wenn ein Bekannter
   erzählt, wie er als
   Freiberufler um die
   Welt reist und ar-
   beitet, wo er will.
   Wann er will.
   Solange er will.

Wann wir unseren Bürojob ganz wunderbar finden

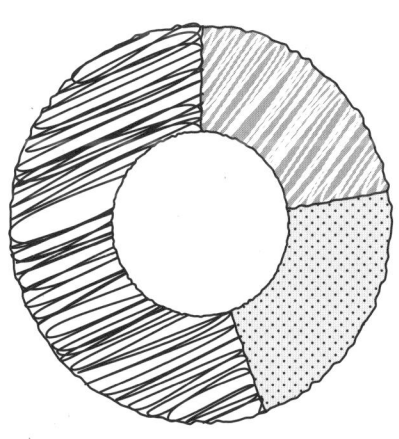

/// Im Winter

::: Nachmittags
   um 17 Uhr

≋ Wenn unser Kind
   erzählt, dass es sein
   Geld künftig als
   Influencer im High-
   End-Mode-Biz ver-
   dienen will. Oder mit
   Cat Content.

1. Tickt ihr noch richtig?

Die lieben Kollegen können anstrengend sein, auch wenn sie die Klappe halten. Denn ruhig sind sie deshalb noch lange nicht.

Während meines ersten Praktikums gestand mir eine Kollegin: Immer wenn ihr Schreibtischnachbar seinen Nachmittagsapfel aus der Tasche hole, müsse sie schleunigst den Raum verlassen. Sonst würde sie ihm den Apfel in den Schlund rammen. Oder zumindest aus dem Fenster werfen. »Aber warum nur?«, wunderte ich mich. »Weil«, sagte sie mit bebender Stimme, »er so laut vom Apfel abbeißt!« Ich fand das damals sehr sonderbar und achtete künftig darauf, in ihrer Nähe kein frisches Obst zu essen.

Nach fast zwei Jahrzehnten im Büro weiß ich, was sie meinte. Wer länger als einen Monat mit denselben Kollegen zusammenarbeitet, erkennt sie schon am Gang. *Schlurf, schlurf, tippel-di, schlurf* zum Beispiel: der junge Büro-Nachbar mit den stets zu weiten Hosen, die er bei jedem dritten Schritt hochziehen muss. Oder *WAM-WAM-WAM-WAM*: die optisch grazile Verkaufsleiterin mit dem akustischen Auftreten eines Wrestlers auf dem Weg in den Ring. Während das Wer-kommt-denn-da-Spiel noch ein netter Zeitvertreib sein kann, kosten die anderen Nebengeräusche und Ticks erst die Konzentration und dann den letzten Nerv.

Das beinahe zwanghafte Hin- und Herschaukeln des Oberkörpers von Kollege X, wenn er ein kniffliges Problem zu entwirren oder eine komplizierte Mail zu schreiben hat, wird noch übertroffen von Kollegin Y. Diese hat wegen Rückenproblemen ihren Stuhl in die Ecke und einen Gymnastikball unter den Schreibtisch gerollt. Sie ist seitdem schmerzfrei, dafür peinigt ihr unablässiges Auf und Nieder, begleitet vom Knarzen des zusammengepressten Plastikballs: *krrrz-quietsch-krrrz-quietsch-krrrrz ...* Zum Glück macht sich Kollegin Y um ihre Lunge weniger Sorgen als um ihren Rücken und verlässt den Ball regelmäßig für Raucherpausen.

Dann kommt das Schreibverhalten von Kollegin Z wieder besser zur Geltung: Wo andere tippen, hämmert sie auf die Tastatur ein, *racka-ta-tacka-ta-racka-ta-tack! racka-ta-ta ... TACK-TACK-TACK-TACK-TACK-TACK-TACK!* (Sie hält die Reset-Taste nicht gedrückt, sondern löscht Buchstabe für Buchstabe.) Kopfhörer helfen da nur bedingt, zu oft klingelt das Telefon. Kollege B. meldet sich übrigens immer gleich laut und schwungvoll mit einem Ein-Wort-Satz: »*KollegeBamApparat-WaskannichfürSietun?*« Jedes Mal.

Nach einem unruhigen Vormittag verheißt die Konferenz ein wenig Ruhe: keine Hüpfbälle, keine Telefonate, nur einer spricht, der Rest dämmert sich durchs Nachmittagstief.

Ein Irrtum.

Kollege W. hat stets einen Stift zur Hand, aber nicht zum Schreiben. Den Kugelschreiber benötigt er, um ihn ständig, *klick-klick-klick-klick-klick ... KLICK!*, auf und zu zu klicken. Je nervöser, desto klick.

Kollegin T. links von mir hat die Beine elegant übergeschlagen, macht den guten Eindruck aber mit einem Dauerwippen der

Fußspitze zunichte. Mal langsamer, meist schneller. Ihr Wippen überträgt sich auf den ganzen Körper, sogar mein Stuhl federt mit, bis ich ihn zur Seite rücke. Die Kollegen rechts von mir räuspern sich, hüsteln und schniefen ohne Unterlass – offenbar ist die ganze IT-Abteilung erkältet. Und einer hat die Tastatur seines Smartphones nicht auf leise gestellt. Trotzdem schreibt er Mails.

Nach zwanzig Minuten *klick-klick-klick-räusper-hust-schnief-knarz-knarz-tipp-tipp-tipp-hust-hust-räusper-klick* blinzelt mein linkes Auge unkontrolliert, der Praktikant gegenüber fühlt sich angesprochen und wirkt leicht irritiert.

Auf dem Weg zurück zum Büro drängt sich Kollegin T. auf: Ob sie mich mal kurz sprechen dürfe? Wahrscheinlich merke ich es selbst nicht, daher wolle sie mich darauf hinweisen: »Du knirschst in Konferenzen immer so laut mit den Zähnen. Und schnaufst so schwer. Und heute … hast du sogar geknurrt!« Da falle es ihr schwer, sich auf das Gesagte zu konzentrieren …

 ## Tipp: Machen Sie aus dem Elefanten eine Mücke

Wie schön, dass wir alle unsere Macken haben. Wie blöd allerdings, wenn die Macken der Kollegen uns nach einiger Zeit so im Schwitzkasten haben, dass wir uns immer mehr in unserer Abneigung gegen *schlurf, schlurf, tippel-di, schlurf* und *klick-klick-klick* hineinsteigern.

Der erste Schritt aus dem Nervt-mich-nicht-Rad heißt: »Nimm es an!« Klar könnten Sie versuchen, bestimmte Eigenheiten im Gespräch zu klären, und darum bitten, sie sich abzugewöhnen. Das kann mal klappen, mal nicht.

In jedem Fall aber wird es funktionieren, dass Sie die Marotten der Kollegen akzeptieren, indem Sie sich sagen: »O.k., euch gibt es – aber ihr stört mich nicht mehr länger!« Zugegeben, das erfordert ein wenig Training, aber wenn Sie die innere Gelassenheit entwickelt haben, dann haben Sie für immer Ruhe.

Was bedeutet »akzeptieren«? Es bedeutet, die Marotte wahrzunehmen, dann tief durchzuatmen und sich innerlich »in Ordnung« zu sagen. Das ist, wie wenn Sie an einer Bahnstrecke wohnen: Sie können sich über jeden vorbeifahrenden Zug aufregen – und der Störung damit immer mehr Raum geben und sich schreckliche Zeiten bereiten. Oder Sie nehmen das Rattern der Züge an. Mit dem Ergebnis, dass Sie es nach einiger Zeit überhaupt nicht mehr wahrnehmen. Und sich damit auch nicht mehr ärgern: Unsere Gefühle folgen unserer Aufmerksamkeit!

»Selektive Wahrnehmung« nennt sich dieses Phänomen: Wir registrieren das, worauf wir achten. Kennen Sie das? Sie wachen in der Frühe auf und sehen beim ersten Blick in den Spiegel einen dicken Pickel am Kinn. Sie übertönen diesen zwar mit Abdeckcreme, aber den ganzen Tag sind Sie überzeugt davon, dass die ganze Welt nur auf diesen Pickel starrt. Und dann fangen wir an, uns seltsam zu verhalten – das Gesicht so zu drehen, dass die anderen nur die makellose Seite sehen usw. Mit dem Ergebnis, dass wir grenzdebil wirken. Sobald wir einen »Fehler« gesichtet haben, bläst ihn unsere Wahrnehmung auf Mammutgröße auf. Und das Gleiche geschieht im Umgang mit den Kollegen.

Aus diesem Grund ist der beste Weg aus der Nerverei, die eigene Wahrnehmung bewusst zu lenken. Hilfreich kann es – besonders zu Beginn Ihrer Trainingseinheit – sein, dass Sie Ihre Aufmerksamkeit auf eine Alternative richten.

Hier ein paar Ideen:

❱ Steuern Sie bewusst Ihre Gedanken in eine andere Richtung: Hören Sie das *Schlurf-schlurf-tippel-di-Schlurf*, dann suchen Sie sich eine gedankliche Ablenkung. Summen Sie innerlich ein Lied (aber leise!), holen Sie sich einen Kaffee, und widmen Sie sich mit voller Aufmerksamkeit Ihrer aktuellen Aufgabe.

❱ Behelfen Sie sich, wenn möglich, mit Kopfhörern – egal ob Sie damit Musik hören oder nicht. Allein das Aufsetzen dämpft die Geräusche.

❱ Nutzen Sie die bisher nervige Angewohnheit der Kollegen als Erinnerung, sich selbst etwas Gutes zu tun: eine kurze Pause zu machen, tief durchzuatmen, ein paar Sekunden entspannt aus dem Fenster zu sehen und Ihren (positiven) Gedanken nachzuhängen.

Je mehr Aufmerksamkeit Sie dem »Elefanten« im Raum widmen, desto größer wird er (und nerviger). Erlauben Sie dem »Elefanten« hingegen, dass er da ist, und lenken Ihre Gedanken in eine andere Richtung, werden Sie die nervigen Marotten der Kollegen bald gar nicht mehr wahrnehmen. Dann wird aus dem Elefanten wieder eine Mücke.

 **Sofort-Hilfe**

Mit dem Hund Gassi gehen

❯ Machen Sie eine Kopie von diesem Hund. Malen Sie ihn an oder bekleben Sie ihn mit Flusen.

❯ Schneiden Sie den Hund aus und binden Sie ihm mit Paketband eine Leine um.

❯ Gehen Sie mit Ihrem Hund Gassi, wenn die Kollegen mal wieder zu viel nerven. Frische Luft tut Ihnen gut!

2. Erbitterter Kampf um den Urlaub

Weil alle in den Schulferien Urlaub machen wollen, kommt es im Betriebsklima zu einer Eiszeit. Selbst kreative Lösungen müssen scheitern.

Das Jahr hat 365 Tage, das sind hundert Tage zu wenig. Mindestens. Wie soll eine mittelgroße Abteilung in nur einem einzigen Jahr alle Urlaubswünsche ihrer Mitarbeiter berücksichtigen, sodass jeder zufrieden ist?

Der wahre Grund, warum Arbeitgeber am liebsten bindungsgestörte, kinderlose Singles einstellen, im Idealfall Vollwaisen: Sie sind bei der Urlaubsplanung nicht an Schulferien gebunden. Außer, sie heiraten dann doch einen Lehrer, was häufiger vorkommt, als es statistisch gerechtfertigt ist. Jedenfalls bei uns.

Das ist ein Problem, zum Beispiel im Sommer: Sechs Wochen Sonne, sechs Leute wollen verreisen, finden aber, dass eine Woche pro Person nicht ausreicht. Studien geben ihnen recht: Wahre Erholung, Tiefenentspannung gar, setzt erst ab Woche zwei ein. So sorgt die Urlaubsplanung zuverlässig für einen abrupten Klimawandel im Betrieb, der zu einer lang anhaltenden Eiszeit führt.

»Ihr wolltet ja dieses Jahr in den Osterferien Skifahren gehen!«, betont Kollege B. »Ich habe deutlich gesagt, nur ein verlängertes Wochenende an den Feiertagen«, knurre ich. »Aber ich habe jetzt schon für die Pfingstferien gebucht, die vollen zwei Wochen«, sagt Kollege B. wenig kollegial. Na, Pech, mir doch egal, will ich rufen. Ich halte mich gerade noch zurück, denke an die künftige Zusammenarbeit, an Teamgeist, an Harmonie, an gemeinsame Mittagessen. Dann rufe ich: »Pech, mir doch egal!« Glaubt der denn, der Einzige zu sein, der an Pfingsten urlaubsreif ist und nicht mehr bis zu den Sommerferien durchhält?

»Pfingstferien?«, mischt sich Kollegin C. ein, »da bin ich auf Fortbildung, das habe ich bereits im Herbst angemeldet.« Das sei bestimmt stressig, daher werde sie sich zu Beginn der Sommerferien drei Wochen Urlaub gönnen, mindestens, »wahrscheinlich eher vier«.

Die Halsschlagader von Kollege B. pulsiert, die Ader an der Schläfe macht auch gleich mit. Er holt tief Luft, da wispert Kollegin F. weinerlich: Sie müsse in dieser Zeit aber ihre kranke Tante im Norden besuchen, »ein letztes Mal im Kreis der Familie, um eine alte Frau glücklich zu machen«. Dafür hätten wir doch sicher Verständnis?

Nein, sagt Kollegin C. Schließlich fahre Kollegin F. schon seit Jahren ein allerletztes Mal zur dahinsiechenden Tante, immer im Sommer, immer in den Ferien. Aber ohne je Beweisfotos zu liefern oder wenigstens eine Krankenakte. Wahrscheinlich liege die Tante schon längst unter der Erde und F. finanziere sich mit dem Erbe eine jährliche Fernreise!

Die folgende Viertelstunde wird laut und unschön und sollte hier besser nicht wiedergegeben werden.

Der Chef schreitet ein. Weil er nun ein schulpflichtiges Kind habe, sei er in den Sommerferien ebenfalls nicht da.

Auch die folgenden zehn Minuten würden bei einer TV-Ausstrahlung mit einem lang anhaltenden Biep übertönt.

Da hat der Chef doch noch eine Idee, schließlich war er vergangenen Monat auf dem Führungskräfteseminar »Wie Wettbewerb den Teamgeist stärkt«. Er hängt am Ende des sehr langen Flurs den ausgedruckten Urlaubsplan auf, die Ferien sind markiert. Jeder Kombattant bekommt vier farbige Streifen, die für vier Wochen Urlaub stehen. Wer zuerst klebt, reist.

»Ich zeig euch mal, wie ich das meine«, sagt der Chef und drückt seine vier Streifen hintereinander in die Sommerferien. Das hat er wohl beim Seminar »Wie dumm Mitarbeiter wirklich sind« gelernt, Chapeau.

Wir nehmen Aufstellung am Ende des Flurs. »Auf die Plätze ...«, grölt der Chef, »fertig ...« Kollegin F. legt einen Frühstart hin. Kollegin C. kann sie gerade noch an der überlangen Büro-Strickjacke packen, zerrt sie nach hinten und sprintet an ihr vorbei, wird allerdings von Kollegin F. gegen die Wand gepresst, beide stolpern. Ich springe über sie hinweg. Vor mir ein leerer Gang, noch drei Meter bis zu den Pfingstferien ... zwei Meter.

An meinem Ohr saust ein Pfeil vorbei, ein weiterer hätte beinahe meinen Scheitel vertieft. Zwei Klebestreifen von Kollege B. treffen ins Schwarze. Das war's mit Pfingsten. Es zischt noch zweimal, der Sommer wurde getroffen. Kollege B. führt einen Freudentanz auf, wird aber niedergerungen. In dem anschließenden Tumult geht unter, wer aus dem Team den Urlaubsplan anzündet ...

Einige Monate später, es ist Sommer. Das Klingeln des Telefons hallt durch leere Räume, ein Anrufbeantworter tut seine Pflicht: »Bitte sprechen Sie nach dem Signalton. Wir rufen Sie gleich nach Ferienende zurück.«

Tipps:
Zeit für Kompromisse

Dank Bundesurlaubsgesetz hat jeder Arbeitnehmer Anspruch auf bezahlten Erholungsurlaub. Doch natürlich muss auch während den Abwesenheiten der »Laden laufen«. Aus diesem Grund sollten Sie sich in erster Linie mit den Kollegen absprechen, die Sie während Ihres Urlaubs vertreten. Und umgekehrt. Sind die relevanten Schlüsselpositionen Ihres Aufgabengebietes jederzeit besetzt, spricht nichts gegen überlappende Auszeiten.

Prinzipiell müssen die zur Verfügung stehenden Urlaubstage im selben Kalenderjahr genommen werden. Auf Antrag können Sie die Tage in die ersten drei Monate des Folgejahres »retten«. Wie Sie die Tage dann aufteilen, ist weitgehend Ihnen überlassen, wobei mindestens zwölf zusammenhängende Urlaubstage vom Arbeitgeber gewährt werden müssen.

Manche Unternehmen schließen komplett für einige Wochen und machen Betriebsurlaub. Diese Tage werden mit dem frei zur Verfügung stehenden Urlaub des Arbeitnehmers verrechnet und dürfen nicht mehr als sechzig Prozent des Jahresurlaubs beanspruchen.

Machen Sie sich klar, dass in jedem Fall die Vorgesetzten das letzte Wort haben (müssen), um für einen reibungslosen Betrieb zu sorgen.

Legen Sie im Team fest, ab welchem Datum die neuen Urlaubszeiten und Brückentage gesichert werden können. In vielen Unternehmen gilt das Prinzip »Wer zuerst kommt, mahlt zuerst!«. Das macht vor allem für die systematischen Umsetzer unter uns Sinn, die gern ihre Urlaube ein bis zwei Jahre vorausplanen. Für die kreativen Chaoten (siehe Seite 55) bleiben dann häufig nur die Tage frei, die eben übrig sind. Funktioniert das für alle Beteiligten gut – super, weiter so! Sorgt es allerdings immer wieder für Knatsch, dann ändern Sie etwas.

Gewöhnen Sie sich als kreativer Chaot an, sich ebenfalls frühzeitig zumindest einen bestimmten Zeitraum zu sichern. Entscheiden Sie noch nicht, wo Sie hinfahren, nur dass Sie da freihaben wollen. Ändern sich Ihre Wünsche und Ihr neuer Traumtermin ist im Urlaubskalender des Teams noch frei, spricht ja nichts gegen eine Verschiebung. Ausnahme: Ein Kollege musste auf den Urlaub zum vorherigen Zeitpunkt verzichten, weil Sie diesen geblockt hatten.

Denken Sie langfristig: Mag sein, dass Sie in diesem Jahr nicht zu Ihrem Wunschtermin wegkönnen. Nutzen Sie dies als Argument, um im nächsten Jahr eine passendere Zeit zu bekommen. Rücksichtsloses Verhalten von Kollegen dürfen Sie mit den Vorgesetzten besprechen. Den Schwarzen Peter müssen nicht immer Sie haben!

Häufig dürfen Eltern mit schulpflichtigen Kindern sich zuerst die Termine in den Schulferien sichern. Aus organisatorischer Sicht macht das natürlich Sinn. Seien Sie als Mutter oder Vater aber verständnisvoll, wenn kinderlose Kollegen auch mal in den Ferien wegwollen. Keiner sollte aufgrund seiner privaten Situation firmenseitig zu bestimmten Zeiten gezwungen werden.

Zeigen Sie sich kompromissbereit. Unser Alltag ist ein Geben und Nehmen. Machen Sie sich klar, wie oft Sie sich bereits tolle Zeiten sichern konnten. Das hilft, um auch mal eine doofe Urlaubsentscheidung besser zu verkraften.

Checkliste Urlaub auf Balkonien

Es hat doch nicht geklappt mit dem Urlaub zum Wunschtermin? Dann machen Sie einfach Urlaub auf Balkonien. Allerdings will die »Reise« dorthin gut vorbereitet sein – nur so kommen Sie in Ferienstimmung!

Mit unseren skurrilen Reisetipps und dem richtigen humorvollen Durchhaltevermögen ist das garantiert kein Problem.[1]

☺ Reisepass und Visum

Verlängern Sie provisorisch Ihren Reisepass. Fragen Sie den Sachbearbeiter im Rathaus, ob Sie für Balkonien ein Visum benötigen. Wenn er verwirrt nachhakt, sagen Sie: »Ach, es wird schon glattgehen.« Oder basteln Sie sich, noch besser, selbst einen Pass (vielleicht haben Sie sogar einen alten, abgelaufenen aufgehoben?), in den Sie jeden Tag einen neuen Fantasie-Stempel pinseln.

☺ Reisemedizin

Frischen Sie Ihre Impfungen gegen Polio, Tetanus, Diphtherie, Tollwut und Grippe auf. Schließen Sie auch eine Auslandsreisekrankenversicherung ab. Damit der Spaß nichts kostet, basteln Sie sich einfach ein kleines Auslandsreiseversicherungskärtchen, auf dem steht, was versichert wird: akute Langeweile, Freizeit-Einfallslosigkeit und Aufräumeritis. Als Leistungen ihrer »Versicherung« tragen Sie Besuche in Ihrer Lieblingsbar, eine Führung durch die eigene Stadt oder Eis essen am See ein.

☺ Devisen

Tauschen Sie bei Ihrer Hausbank einen 100-Euro-Schein in zehn 10-Euro-Scheine um. Erkundigen Sie sich unbedingt nach dem aktuellen Wechselkurs auf Balkonien.

☺ Blumen gießen

Bitten Sie Ihre Nachbarn, Ihre Blumen zu gießen und nach der Post zu sehen. Vergessen Sie nicht, auch Ihren Schlüssel zu übergeben.

☺ Reise

Steigen Sie in den nächsten Bus. Zeigen Sie dem Fahrer unaufgefordert Ihren Reisepass, und bitten Sie ihn, ein Stück von Ihrem gerade gekauften Ticket abzureißen. Fragen Sie nach, wo Ihr Sitz ist. Reagieren Sie auf unhöfliche Reaktionen mit »Das ist mein erster Flug …«. Bleiben Sie so lange im Bus sitzen, bis Sie wieder dort vorbeikommen, wo Sie eingestiegen sind. Sie ahnen es sicher: Sie sind in Balkonien angekommen!

☺ Ankunft

Reden Sie nur noch in einer Fremdsprache Ihrer Wahl, sobald Sie ausgestiegen sind. Selbst wenn Ihnen Leute begegnen, die Sie kennen.

☺ Rezeption

Klingeln Sie bei den Nachbarn, denen Sie Ihren Schlüssel gegeben haben. Nennen Sie Ihren Namen, und sagen Sie (in der gewählten Fremdsprache), dass Sie gern die Schlüssel für Ihr Zimmer hätten. Fragen Sie nach, wann es Abendessen gibt und wie spät Sie zum Frühstück erscheinen dürfen. Entschuldigen Sie sich für Ihre schlechten Fremdsprachen-Kenntnisse, wenn man Sie komisch anschaut.

☺ Zimmerbezug

Inspizieren Sie Ihre Wohnung, übersehen Sie großzügig kleinere Makel wie Unordnung, und bedienen Sie sich an der Minibar. Testen Sie die Matratze, und legen Sie sich für eine Weile hin, um sich vom Jetlag zu erholen.

☺ Sonnenbad

Schmieren Sie sich mit einer 30er-Sonnencreme ein und platzieren Sie sich in Badehose bzw. Bikini auf dem Balkon. Lauschen Sie der CD *Klänge des Meeres*. Überschütten Sie sich regelmäßig mit der Gießkanne (Perfektionisten haben zwei vorbereitet, eine mit gut gesalzenem Wasser, die andere für die »Dusche danach«).

☺ Genießen Sie Ihren wohlverdienten Urlaub!

3. Ihr macht mich krank!

Hustende, Fiebernde, Heisere, die sich trotzdem zur Arbeit schleppen, sind nicht arm dran, sondern Kollegenschweine.

Die wenigsten Menschen haben allzu viel mit ihren Kollegen, diesem heterogenen Haufen, gemeinsam. Außer zur Erkältungszeit – dann sind alle krank. Diese Phase beginnt mit dem Ende der Sommerferien (exotischer Fernreise-Schnupfen, hoch ansteckend), zieht sich in den Herbst (zu cool für Schal und warme Strümpfe), überdauert den Advent (dieser Stress) und flaut erst vor den Osterferien wieder ab (verschleppter grippaler Infekt, eingefangen an Silvester, aufgefrischt im Karneval). In dieser Zeit bekommt man von den Kollegen mehr mit, als man jemals wollte: Viren, Bakterien und eine nervenzehrende Hust-Röchel-Rotz-Kakophonie.

Trotzdem bin ich nicht zum Äußersten bereit, so wie Kollege T., der das Büro nur ganzkörpervermummt betritt: Antiseptische Einmalhandschuhe schützen vor Bazillen, die auf Klinken, Aufzugknöpfen, Tastaturen und Telefonhörern ihrem nächsten Opfer auflauern. Seine Antwort auf meine Frage, was zum Kuckuck das jetzt bitte solle, ob er total durchgedreht sei (T. hatte mich antibakteriell eingesprüht, nachdem ich niesen musste – dabei kitzelte nur die Sonne meine Nase; nun brannte sich das scharfe Desinfektionsmittel in meine Schleimhäute …): »Michsteckstdunichan! MICHNICH!« Seitdem T. eine professionelle Atemschutzmaske trug, mit der man selbst Tuberkulose-stationen betreten durfte, waren seine Antworten kaum noch zu verstehen. Entrüstet stapfte ich durch die Desinfektionswanne davon, die T. vor seinem klinisch reinen Einzelbüro aufgestellt hatte.

Zum Glück saß ich in einem Mehrschreibtisch-Zimmer, da konnte ich meiner Empörung gleich Luft machen. Leider interessierte sich niemand dafür. Nur Kollege B. hob den Blick, doch nur, um die Augen zur Decke zu drehen und entzündungshemmende Tropfen hineinzuträufeln. Die anderen Kollegen starrten trüb viel zu lang auf dieselbe Stelle des Bildschirms, in der einen Hand die Maus, in der anderen das Taschentuch, vor dem Kopf kein dünnes Brett, sondern massive Planken. Ihre Brustkörbe hoben sich schwer, das Rasseln war auch bei Tageslicht etwas unheimlich. Kollegin L. pfiff leise durch die verstopfte Nase. Ich schluckte. Verspürte ich da etwa den Anflug eines Kratzens im Hals?

Früher, als die Arbeitsplätze noch halbwegs sicher schienen, krochen nur diejenigen krank ins Büro, die sich für unverzichtbar hielten. Schon ein paar Tage Abwesenheit hätten ja offenbart, dass sie das nicht waren, und sie in eine tiefere Krise gestürzt, als das jede Grippe jemals vermocht hätte. Alle anderen ließen sich erst wieder blicken, wenn das Fieber tatsächlich verglüht und der Satz »Keine Sorge, ich bin nicht mehr ansteckend« keine Notlüge war.

Heute aber denken viele, sich das nicht mehr leisten zu können. Kollegin K. zum Beispiel: Nicht nur im Fieberwahn meinte sie, das Scharren des gut ausgebildeten Nachwuchses zu hören, der allzu gern ihre Stelle übernehmen würde, wäre sie zu lange vakant. Oder zu oft.

Und tatsächlich. Blickte sie über die Schulter, sah sie hinter der gläsernen Bürotür die Praktikanten B., R., U. und T. stehen, wie sie mit den Füßen scharrten und bereits die Ellenbogen spitz anwinkelten, falls Kollegin K. sogleich vom Stuhl rutschen und somit ihren Platz endlich freimachen sollte.

Also ließ sich K. vom Arzt nicht mehr krankschreiben, sondern hochspritzen. Eine Dopingkontrolle hätte sie so nicht bestanden, doch das nahm sie sportlich: Sie wankte mit weichen Knien zur Arbeit, stellte auf ihrem Schreibtisch im Halbkreis Tinkturen, Tabletten und Taschentücher bereit und antwortete krächzend auf meine nicht uneigennützig gestellte Frage, ob sie in diesem Zustand nicht ins Bett gehöre: »Ach … geht schon.«

Und das in einer der seltenen Phasen, in denen bis auf K. alle im Zimmer ausnahmsweise mal gesund waren; abgesehen von einem leichten Brennen in den Nebenhöhlen und dem schmerzhaften Pochen am Schädeldeckenrand, was für uns schon zum Normalzustand gehörte.

Schleppte sich Kollegin K. zur Toilette, um dort eine halbe Stunde lang die heiße Stirn an die kühle Zwischenwand zu lehnen, riss ich die Fenster weit auf (noch arbeiteten wir nicht in einem modernen Bürogebäude, wo das Prinzip Durchlüften als beliebter Streitfaktor abgeschafft wurde). Dann versprühte ich flaschenweise Desinfektionsspray, das ich bei Kollege T. hatte mitgehen lassen. Abgelenkt hatte ich ihn mit Unterlagen, die ich auf seinen Schreibtisch fallen ließ, nachdem ich dezent draufgehustet hatte.

Kollegin K. bekam von dem Desinfektionsspray-Exzess im Zimmer nichts mit. Sie würde erst wieder in einer Woche durch die Nase atmen und in zwei Wochen etwas riechen können. Wir anderen übten uns währenddessen in der Kunst, den Atem minutenlang anzuhalten, um dann hochrot auf den Flur zu stürzen und dort tief Luft zu holen. Apnoe-Taucher wären stolz auf uns gewesen. Leider half es nichts. Offenbar hatte das häufige Rein- und Rausrennen die Luft im Büro so verwirbelt, dass sich K.s desinfektionsmittelresistente Bakterien gleichmäßig im Raum verteilten. Sogar der Praktikantenplatz in der dunklen Ecke bekam etwas ab.

Als K.s Husten schließlich nicht mehr gar so rasselte und ihre Augen abgeschwollen waren, blickte die Genesende vorwurfsvoll auf uns, ihre Kollegen, die morgens schniefend und keuchend hereinkrochen: Hoffentlich behielten die ihre Bakterien für sich! Schließlich war sie ja gerade erst krank gewesen.

 ## Tipp: Stoßen Sie die kranken »Helden« vom Sockel!

Ob »harmloser« Schnupfen oder Bandscheibenvorfall – ja, zu viele Arbeitnehmer schleppen sich krank zur Arbeit: aus Angst, den Job zu verlieren, oder aus Scheu, die Kollegen in einer »Stressphase hängen zu lassen«.

»Präsentismus« nennt sich dieses Phänomen, dem vor allem die von Erkältungskrankheiten Heimgesuchten brav folgen. Rund zwei Drittel der Berufstätigen treten trotz Infekt im Job an, hat der Deutsche Gewerkschaftsbund (DGB) herausgefunden. Aber was im Mäntelchen der »Leistungsbereitschaft« oder »Hilfsbereitschaft« daherkommt, hat seinen Preis: Bis zu zehnmal höher sind die Folgekosten, wenn sich kranke Berufstätige zur Arbeit schleppen, als wenn sie sich hätten krankschreiben lassen.

Der Grund? Bei erkrankten Mitarbeitern steigt das Unfall- und Fehlerrisiko, die Produktivität nimmt ab. Und allzu oft stecken sie ihr Umfeld an. Die »Helden« schaden also nicht nur den Kollegen, sondern auch ihren Arbeitgebern!

Was hilft? Zum einen sind es natürlich Hygienemaßnahmen, die gerade Schnupfen & Co. abwehren. Doch während Seife noch o. k. ist, geht ein Mundschutz vielleicht doch zu weit. Sehr viel wirkungsvoller sind daher klare Absprachen im Unternehmen und im Team: Wie gehen wir damit um, wenn jemand krank ist? Wann darf ein Teammitglied tatsächlich kommen, und wann ist der Weg ins Unternehmen tabu? Dürfen hoch motivierte Virenschleudern dank Home-Office-Lösungen die wichtigsten Dinge abarbeiten – in den eigenen vier Wänden?

Wenn überhaupt: Wer krank ist, sollte auch mal guten Gewissens krank sein dürfen! Da sind Führungskräfte gefragt, die ihren Job und ihre Sorgfaltspflicht gegenüber den Mitarbeitern ernst nehmen – und Erkrankte nach Hause schicken. Ohne Arbeit.

Und die Kollegen? Nehmen Sie dem »Helden« den Wind aus den Segeln, indem Sie nicht dessen Opferrolle stärken (»Oh, Du Armer, oh, Du Tapferer«). Ein dezent fallen gelassenes »Hoffentlich stecke ich mich nicht an …« öffnet Wiederholungstätern vielleicht die Augen. Wenn nicht, kann man immer noch über den Mundschutz nachdenken.

Haben Sie persönlich Angst, bei einer Erkrankung als »Blaumacher« zu gelten, lassen Sie sich gleich am ersten Tag ein Attest schreiben. Und machen Sie sich klar: Mit ein paar Tagen im Bett tun Sie allen einen Gefallen.

Sofort-Hilfe

Muntermacher-Mundschutz

Kopieren Sie diesen Mundschutz aus Ihrem Buch heraus. Besorgen Sie sich zwei Gummibänder, und fädeln Sie sie links und rechts durch die vorgesehenen Löcher.

Ziehen Sie vor unbelehrbaren Kollegen beim nächsten Mal Ihren Mundschutz demonstrativ über.

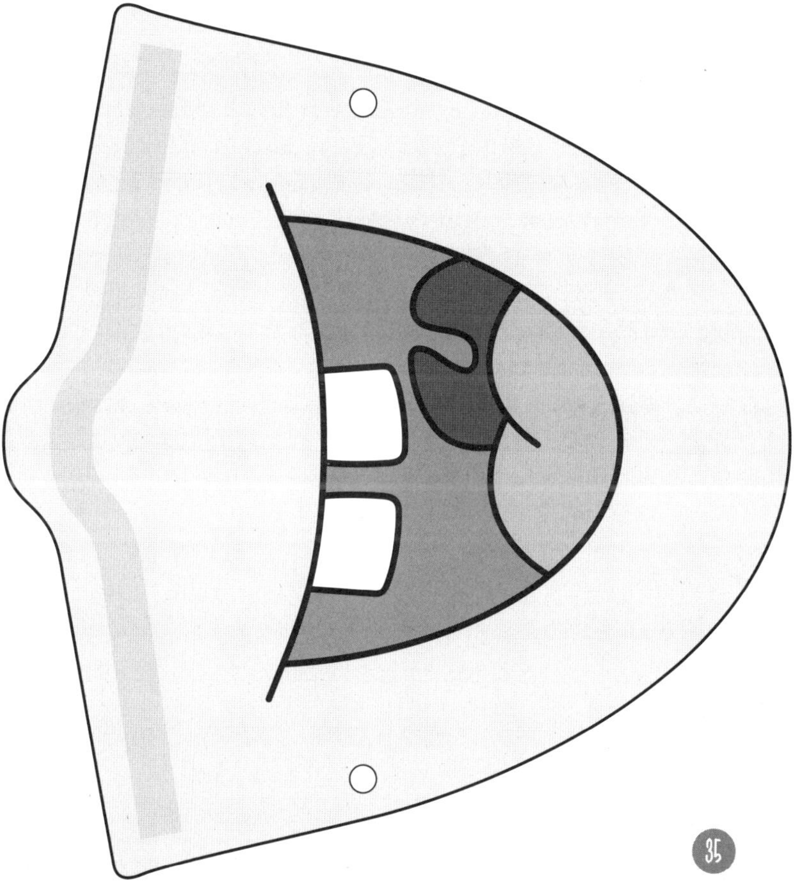

4. Ich kann einfach nicht abschalten

Selbst in der Freizeit beschäftigen mich die Kollegen, Mail sei Dank.

Endlich, es ist Freitag, und noch besser: Freitagabend, 18.13 Uhr. Die Arbeitswoche hat Kraft gekostet, mal wieder. Aber die Aussichten sind gut: Nicht nur am Einkaufs-Putz-Erledigungs-Samstag soll das Wetter schön sein, ausnahmsweise auch am Endlich-mal-rauskommen-Sonntag. Und das Allerbeste: Es ist ein verlängertes Wochenende, am Montag habe ich mir freigenommen. Ein Tag mehr ohne Arbeit, was ich damit alles anfangen kann! Ich werde mir Zeit für das Frühstück nehmen, so richtig mit hinsetzen und Zeitung lesen statt einem Espresso und Überschriften überfliegen. Am besten in einem Café, so kann ich entspannt beobachten, wie alle anderen zum Job hetzen.

Später könnte ich durch Museen bummeln oder durch den Park oder Mountainbiken gehen, wenn auch nur im Flachland. Oder doch mal wieder mit dem Lauftraining anfangen, schließlich sitzen wir viel zu viel. Wenn ich fit genug bin, könnte ich künftig ins Büro joggen – oder zumindest von dort nach Hause! Dann würde ich beim Firmen-Marathon nicht mehr nur am Rand stehen und beim Anfeuern außer Atem kommen! Vielleicht fange ich sogar an, mich gesund zu ernähren? Dieser freie Montag, ahne ich, könnte mein Leben verändern.

Doch noch sitze ich in der Bahn und beantworte die letzten Mails, die ich am Freitag nicht geschafft habe. Seit ich mein Handy auf den Firmen-Mail-Account abgestimmt habe, hänge ich deutlich kürzer im Büro fest. So vieles lässt sich von unterwegs erledigen, ach, du schöne neue mobile Welt!

Verflixt, Kollegin B. hat am Mittag geschrieben, dass sie unsere Unterlagen noch heute brauche, für ihren Vortrag am Montagnachmittag, und da sie ja wisse, dass ich freihabe ... Die Unterlagen sind zusammengestellt, nur ruhen sie auf dem Desktop meines Bürocomputers.

19.13 Uhr. Die Sonne geht gerade über dem Firmengebäude unter. Ich warte ein zweites Mal auf den Zug, der mich ins Wochenende bringt. Zur Sicherheit checke ich schnell die restlichen Mails, damit ich nicht noch mal zurückfahren muss – das eine Mal hat mich auf der Feiertagslaune-Skala schon weit zurückgeworfen. Zum Glück ist der Rest weniger wichtig: Kollegin P. fragt, ob wir am Montagmittag gemeinsam essen gehen wollen (ich sage ihr später ab, jetzt fährt gerade der Zug ein). Kollege S. bittet um Feedback zum neuen Mailsystem (das hat doch Zeit bis Dienstag), und Kollege R. ruft zu einer digitalen Demonstration mitsamt Unterschriftenliste auf. Er ist auf einer Mission: Seit einem halben Jahr versucht er, den Kantinenchef dazu zu bringen, zweimal in der Woche statt nur einmal im Monat Pommes auf die Speisekarte zu setzen, gern mit Schnitzel – aber Hauptsache Pommes. Doch der Kantinenchef ist ein moderner Koch, der die Worte Grünkernbratlinge und Sprossensalat wie geölt in die Diskussion einbringt, auf die er sich eigentlich gar nicht einlässt. Auf der Suche nach ungesunden Fetten und Salzgeschmack stellt sich Kollege R. mittags in die lange Reihe vor dem Imbiss nebenan, vor ihm wartet schon die Hälfte unserer Abteilung.

»Wir haben ein Recht auf Pommes! Nieder mit der Gesundheitsdiktatur in der Kantine!!!!!«, schreibt Kollege R. in seiner Wut-Mail. Er hat heute am Ende der Schlange nichts mehr abbekommen und musste zusehen, wie Kollege H. aus dem Nachbarbüro zufrieden mit der letzten Bratwurst davonschlenderte.

19.58 Uhr. Es ist spät, das Thema hat mich noch hungriger gemacht. Jedes Mail-PLING mit der Betreffzeile *Re: Mehr Pommes für alle!* facht meinen Appetit weiter an.

20.44 Uhr. Ich treffe meine Freundin K., die ich schon lange nicht mehr gesehen habe. Wir hätten uns viel zu erzählen, doch irgendwie kann ich nicht ganz folgen. Es PLINGT weiter im Minutentakt, das Kantinenthema scheint bei den Kollegen einen Nerv getroffen zu haben. Der Ton wird schärfer, auch der von Freundin K. Sie springt auf, faucht: »Da rede ich lieber mit meiner Wohnzimmerwand!« und rennt raus. Ich bin zu verdattert, um ihr zu folgen. Außerdem PLINGT es schon wieder.

21.52 Uhr. Als ich ihr doch hinterherhetze, ist sie weg. Dafür treffe ich auf der Straße meinen alten Freund B. »Hast du schon gehört, K. lässt sich scheiden?!« Nein, habe ich nicht. Hätte sie ja mal was sagen können, statt einfach abzurauschen. So etwas Überspanntes!

B. meint, wir könnten uns auch mal wieder treffen. Klar, sage ich, schreib mir eine Mail.

Am Samstag kehrt auch keine Ruhe ein, die Zahl der Mail-PLINGS kann an der Supermarktkasse mit den Scanner-BIEPS mithalten. Ich fühle mich noch erholungsbedürftiger als gestern.

17.35 Uhr. Ein Bad hilft bestimmt.

17.38 Uhr. Ich entspanne.

17.39 Uhr. PLING

17.40 Uhr. Ich föhne hektisch mein Handy. Es war mir durch die schaumigen Finger gerutscht.

18.12 Uhr. Es funktioniert wieder, was für ein Glück! Nicht auszudenken … In der Zwischenzeit hatte ich verpasst, dass Kollegin F. den Kollegen R. als steinzeitlichen Fleischfresser beschimpft. Kollege R. kontert mit »egoistische Grünkern-Zicke«. Ich bekomme Kopfschmerzen.

19.54 Uhr und 22 Mails später. Ich flüchte ins Kino, da muss ich das Handy ausschalten. Nur ich selbst kann nicht abschalten wie gewünscht: Bei der Eis-Palmenstrand-Werbung stelle ich mir vor, wie oft mich mein Smartphone auch dort aus der Urlaubsentspannung reißen würde. Und das Handy daheimlassen oder wenigstens nur einmal am Tag anschalten? Das traut sich keiner. Schließlich ist auch der Chef rund um die Uhr anmailbar. Und predigt damit wenig subtil, dass nur, wer allzeit online, auch unverzichtbar für den Betrieb ist. Da will natürlich niemand aus Versehen im Urlaub den Gegenbeweis antreten.

22.05 Uhr, der Film ist aus, ich schalte mein Handy an. PLING! Der Chef fragt, um was es bei unserem Gesprächstermin am Dienstag mit dem Betreff »Arbeitsüberlastung« genau gehe? Und ob wir darüber wirklich eine ganze halbe Stunde sprechen müssten, fünfzehn Minuten seien doch genug? Schließlich habe er derzeit wirklich viel zu tun.

Wütend zerbreche ich meine 3-D-Brille. Wie soll ich in nur einer Viertelstunde vermitteln, dass ich seit einiger Zeit das Gefühl habe, dass der Spruch »Ich bin auf der Arbeit, nicht auf der Flucht« auf mich nicht mehr zutrifft. Dass ich kaum noch einen klaren Gedanken fassen kann, geschweige denn abschalten …

PLING!

Jemand hat die Wut-Mail von Kollege R. an den Kantinenchef weitergeleitet, der eine gepfefferte Antwort an alle schickt, den Chef in CC: Wenn diese Firma ihre ausgewogene Ernährung gegen arterienverstopfendes Junk-Food eintauschen wolle, das bald zum Ausfall etlicher Mitarbeiter führen werde, weil diese dann krank oder tot seien, dann könne die Firma das gern durchdrücken – aber ohne ihn, OHNE IHN! Wir könnten ja den Bratwurst-Maxe vom Imbiss engagieren, er habe jedenfalls die Nase voll und werde bestimmt nicht seinen guten Ruf für Leute riskieren, die immer noch dächten, dass sie beim Herumsitzen im Büro ausreichend Fett verbrennen würden, denn solche Ignoranten … (Die wortgetreue Wiedergabe der gesamten Mail würde hier den Rahmen sprengen und die Grenzen des guten Geschmacks übertreten.)

PLING!

Der Chef antwortet, an alle, aber mit Kollege R. noch mal extra in CC: Es bleibe beim ausgewogenen Speiseplan. Und R. möge sich am Montagmorgen in seinem Büro melden, asap.

Ich fürchte, da hat sich R. gehörig selbst die Suppe versalzen und ganz schön was eingebrockt. Die Stimmung in der Firma wird bestimmt großartig sein. Gut, dass ich am Montag freihabe und erst einmal ausschlafen kann.

Am Sonntag kommen verdächtig wenige Mails. Ich prüfe zur Sicherheit die Verbindung, auch das Wlan. Nicht dass doch Folgeschäden vom Badeunfall zurückgeblieben sind. Ich fühle mich ein wenig verloren. Zur Ablenkung könnte ich ein wenig Rad fahren, doch zu zweit macht es mehr Spaß. Ich maile meiner Freundin K., aber sie antwortet nicht. So eine Scheidung kann sonderbar machen.

Montagmorgen, 8.02 Uhr. PLING! Ich drehe mich zur anderen Seite.

8.05 Uhr. PLING! Ich ziehe mir mein Kopfkissen über die Ohren und schlafe weiter, damit verpasse ich je ein PLING! um 8.16 Uhr und 8.57 Uhr.

Als ich mich um 9.30 Uhr mit verschwitzten Haaren unter dem Kopfkissen hervorschäle, erwarten mich Nachrichten, und zwar schlechte. Wo ich bliebe, fragten Kollegen in der ersten Mail, heute Morgen sei doch die Arbeitsverteilungskonferenz für das neue Projekt. Mir wird heiß und kalt zugleich: Ich habe vergessen, mich abzumelden oder wenigstens den Abwesenheitsassistenten für Montag zu aktivieren.

Sie könnten nicht länger warten, maulen sie in der zweiten Mail. Und in der dritten teilen sie mit, nicht ohne hämischen Unterton: Ich hätte einstimmig die Kommunikationshoheit im Projekt X übertragen bekommen (meine Kollegen, diese Schweine!), in der vierten Mail würde ich das Protokoll der Sitzung finden. Damit ich wisse, wen ich kontaktieren müsse.

Kommunikationshoheit bedeutet wenig königlich, ich werde Mails rund um die Uhr schreiben und empfangen müssen – von genervten Mitarbeitern, die nicht gern an ihren noch ausstehenden Beitrag zum Projekt erinnert werden und schon bald bei meinem Anblick die Flurseite wechseln. Und wird es mir am Ende doch noch gedankt werden? Nein. Der »Kommunikationshoheit« wird nicht gehuldigt, sie ist der Depp vom Dienst.

Ich bin sauer, da hätte ich auch zur Arbeit gehen können. Statt auszuspannen und gut erholt das Joggen anzugehen, rasen nur meine Gedanken. Es sind keine guten.

12.30 Uhr. PLING! Kollegin P.: Wir seien doch zum Essen verabredet, sie stehe hier seit einer halben Stunde vor der Kantine und gehe nun mit der Sekretärin speisen, sonst werde noch der Salat welk. Meine Ausrede könne ich ihr ja mailen.

17.05 Uhr. PLING! Kollege S. sendet eine Rundmail, er bedankt sich bei allen für das schnelle Feedback zum neuen E-Mail-System. Nur ich hätte noch nicht geantwortet, schreibt er wenig diskret.

17.06 Uhr. Ich bin müde, so müde. Dabei war ich gar nicht joggen.

17.07 Uhr. Ich habe das Gefühl, dass es so nicht weitergehen kann.

17.09 Uhr. Ich beschließe, mein Leben zu ändern.

17.10 Uhr. Ich lösche die Firmenmail-App von meinem Handy. Dann bestelle ich mir Pizza mit Pommes und Schokoeis.

Früh am Dienstagmorgen im Büro. Ich fahre den Computer hoch. PLING! Ob ich mich schön erholt hätte an meinem langen Wochenende, fragt Kollegin G. Und ob ich das Kantinen-Drama von Kollege R. mitbekommen hätte? Falls nein, sie werde mir da mal was weiterleiten.

Ich öffne meinen Abwesenheitsassistenten und gebe eine automatische Nachricht an alle ein: »Bitte schickt mir keine Mails mehr. Erwartet auch keine von mir. Ruft an, aber nur, wenn es wirklich, wirklich wichtig ist. (@Kollege R., Kantinenaufstände fallen nicht darunter!) Oder kommt vorbei. Aber keine Mails mehr. Bitte.«

 ## Tipps: Regeln und Absprachen

So schön und unkompliziert das »neue« Medium E-Mail auch ist – bislang haben wir nicht wirklich gelernt, wie wir mit diesem Kommunikationskanal umgehen. Und das hat verheerende Folgen. Denn die ständige Erreichbarkeit macht krank.

Das Problem ist dabei allerdings gar nicht mal das Mehr an Arbeit. Sondern unsere Unfähigkeit, abzuschalten. Wer permanent innerlich auf Empfang ist, befindet sich auch dauerhaft im »Arbeitsmodus«. Schon die alleinige Erwartung von

Arbeit reicht aus, um uns zu stressen, selbst wenn das Handy schlussendlich doch still geblieben ist. Ganz zu schweigen von unerfreulichen Mails, die uns samstagabends erreichen und die wir erst am Montag bearbeiten wollen. Da braucht es schon sehr viel buddhistische innere Ruhe, um sich das Wochenende nicht versauen zu lassen.

War ständige Erreichbarkeit früher eine Ausnahme oder nur in Berufen mit Bereitschaftsdienst üblich, so ist sie heute Standard: 66 Prozent aller Arbeitnehmer sind außerhalb ihrer regulären Arbeitszeiten erreichbar. 29 Prozent davon jederzeit, sprich auch im Urlaub oder an Sonn- und Feiertagen.[2]

Befreien Sie sich vom Diktat der Mail-Unkultur und der Info-Überflutung mit Hilfe folgender Tipps.

1. **Sendepause.** Stellen Sie die automatische Benachrichtigung über den Posteingang ab. Egal ob »pling« oder ein blinkender Umschlag – jeder Reiz reißt Sie aus Ihrer Arbeit und aus Ihrer Erholung. Nur weil jemand in diesem Moment auf »Senden« geklickt hat, bedeutet das nicht, dass Sie gleich springen müssen.

2. **Verschaffen Sie sich ruhig zum Warmarbeiten in der Früh einen Überblick über die eingegangenen Nachrichten.** Antworten Sie jedoch nicht sofort! Vergeben Sie im ersten Schritt eine Flagge an die Mails, in denen für Sie ein To-do drinsteckt oder die Sie beantworten müssen.[3] Legen Sie dann im zweiten Schritt fest, ob Sie schnelle Antworten gleich formulieren. Oder ob Sie sich lieber zunächst einer Ihrer wichtigen Aufgaben des Tages widmen wollen und später auf die neuen Anfragen eingehen. Machen Sie sich klar: Der

Absender weiß ja nicht, ob Sie Ihre Mails um 8 Uhr oder um 10 Uhr abrufen – also stressen Sie sich nicht!

3. **Feste Zeiten und Zeitspannen.** Legen Sie gern für sich Mail-Abholzeiten fest und einen Zeitraum, wie lange Sie sich jeweils en bloc den Mails widmen wollen (z. B. zwanzig Minuten morgens, dreißig Minuten nachmittags), je nachdem wie das für Ihren Arbeitsablauf sinnvoll ist.

4. **Gibt es in Ihrem Unternehmen klare Vorgaben zum Thema »Erreichbarkeit«?** Halten Sie sich daran. Es gibt keine? Dann regen Sie welche an. Inspirationen dazu erhalten Sie weiter unten.

5. **Umgang mit CC-Mails.** Legen Sie in Ihrer Firma oder in Ihrem Team fest, wie Sie mit CC-Mails – dem größten Zeitfresser überhaupt – umgehen, etwa: »Mails per CC sind in unserer Firma generell verboten.« Legen Sie »Strafen« fest: fünf Euro in die Team-Kasse, einen Umtrunk auf Kosten des »Spammers«. Werden Sie kreativ – die meisten Probleme lösen Sie mit einem Funken Humor. Die anderen ziehen nicht mit? Dann sagen Sie deutlich, dass Sie CC-Mails nicht mehr lesen. Punkt.

6. **Je Anliegen eine Mail.** Möchten Sie mit einem Adressaten mehrere Dinge klären, schicken Sie am besten je Anliegen eine separate Mail – mit der Frage oder dem zu klärenden Punkt im Betreff. So schleppen Sie nicht einen Berg an erledigten Infos in jeder weiteren Mail mit.

7. **Betreffzeile nutzen.** Schreiben Sie Mini-Informationen direkt in die Betreffzeile und schließen Sie mit NFM (no further message) oder EOM (end of message) ab. Dann braucht der Adressat die (leere) Mail gar nicht zu öffnen.

8. **Terminieren Sie längere Antworten.** Eine Antwort wird länger ausfallen, oder Sie benötigen dazu noch Unterlagen? Dann terminieren Sie die Antwort auf einen späteren Zeitpunkt, außerhalb Ihres Antwort-Blocks. Am besten einfach nur eine Flagge setzen und hochrutschen lassen in Ihre »Reisende To-do-Sammlung«.

9. **Rufen Sie bei komplexen Themen lieber an.** Ideen entwickeln, Konflikte lösen, verhandeln – diese Themen sind für Mails ungeeignet (siehe Seite 110).

Regen Sie zusätzlich an, dass in Ihrem Unternehmen von der Führungsebene klare Vorgaben für diesen Kommunikationskanal festgelegt werden. Lassen Sie sich dabei von Beispielen aus anderen Unternehmen inspirieren. Die Telekom verabschiedete bereits 2010 eine Policy, die den Führungskräften empfiehlt, E-Mails am Feierabend zu vermeiden.[4] Volkswagen verhängte 2011 eine strikte E-Mail-Sperre nach Feierabend für Tarifbeschäftigte mit einem Dienst-Smartphone. Die Geräte von VW-Mitarbeitern können seitdem von 18.15 Uhr bis 7 Uhr morgens keine Mails mehr empfangen.[5] Und unsere französischen Nachbarn erließen sogar gleich ein Gesetz dazu: Seit 1. Januar 2017 sollen Firmenbosse jährlich über die Erreichbarkeit mit der Belegschaft oder Gewerkschaftsvertretern beraten.[6] Zumindest theoretisch. Denn die Verordnung ist nicht bindend.

Was wir in unserer Freizeit in der Arbeits-Mail lesen wollen

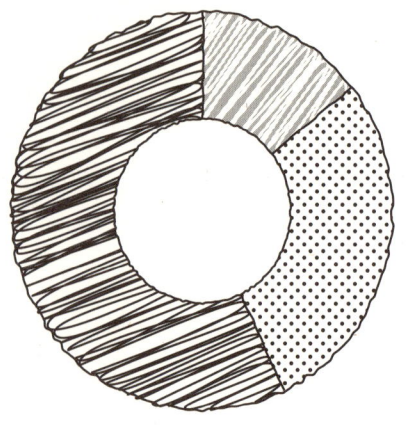

▨ »Kommen Sie doch am Montag später.«

▨ »Sie erhalten eine Gehaltserhöhung.«

▨ Klatsch & Tratsch über den Abteilungs-Schönling

Was wir in unserer Freizeit tatsächlich in der Arbeits-Mail lesen

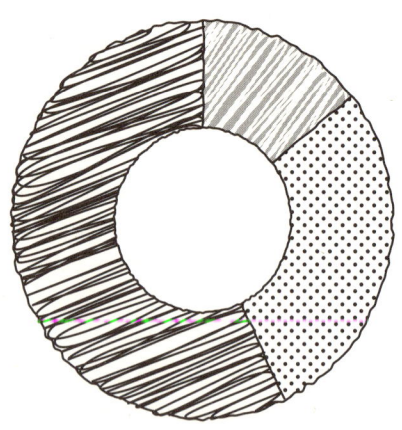

▨ »Kommen Sie doch am Montag früher.«

▨ »Weihnachtsgeld ist gestrichen. Sorry.«

▨ Klatsch & Tratsch über Sie (versehentlich an alle geschickt)

5. Was bringt den Büro-Gott zum Lachen? Zeitpläne

Wer am Abend seine To-do-Liste abgearbeitet hat, ist ein Genie oder hatte an dem Tag einfach keine besseren Ideen.

Meine Arbeitszeit will mir einfach nicht folgen. Die Zeit von Kollege F. hingegen bringt ihn brav und zügig vom Zwischenstopp zum Etappenziel bis zum Finale – mit Endspurt zum Feierabend hin, aber ohne über die zeitliche Ziellinie hinauszuschießen. Meine eigene Zeit trödelt da gerade noch mit der Aufgabe herum, die ich eigentlich bis zum Mittagessen hatte erledigen wollen. Aber sie hat wieder mal länger gedauert als gedacht. Überhaupt scheint es im Büro so eine Sache zu sein mit dem Zeit-Raum-Kontinuum. Das Einzige, was beständig bleibt: Wir befinden uns alle im selben Raum, aber die Zeit, ja die Zeit vergeht für jeden anders schnell oder langsam. Und nur ganz selten so, wie es sein soll. Genauer gesagt: nur für Kollege F. Und vielleicht noch für Kollegin H. Beide verlassen jedenfalls pünktlich um 17.30 Uhr ihren Arbeitsplatz und knüllen auf dem Weg ins Privatleben vergnügt ihre To-do-Listen des Tages zusammen.

Ich blicke seufzend auf meine eigene, die ich gerade mit Tesafilm um die unerledigten Aufgaben der vergangenen vier Tage verlängert habe. Sie lappt fast bis auf den Boden. Allein der Anblick raubt mir den gerade erst von Koffein entfachten Schwung. »So wird das nie was«, meint auch Kollege F. in väterlich-besorgtem Ton, dabei ist er fünf Jahre jünger als ich. Aber er zeige mir gern sein höchst erfolgreiches System, tönt er mit dem deutlichen Subtext: Lerne vom Profi, dem Meister des Zeitmanagements! Ich würde ihm für den paternalistischen Tonfall gern verbal eine mitgeben, hätte aber noch lieber endlich mal pünktlich Feierabend und trotzdem alles geschafft, was ich mir vorgenommen habe. Also gebe ich mir zähneknirschend das kleine Einmaleins des Zeitmanagements von Oberlehrer F., dem Ersatzlehrerin H. zur Seite springt.

»Einfach nur die To-dos herunterschreiben …«, fängt F. an. »… das geht gar nicht, die reine Papierverschwendung«, ergänzt H. Ich müsse kategorisieren, priorisieren und möglichst viel delegieren und einiges papierkorbeliminieren, dann noch streng zeitfensterlimitieren.

Ich glaube, ich beginne zu kapieren.

Begeistert nehme ich ein unbeschriebenes Blatt (»Bleib beim Papier, dann macht das Durchstreichen mehr Spaß«, rät Kollege F.), nun werden neue Zeiten anbrechen. Ich übertrage die alte To-do-Liste nicht nur, nein, ich ordne ganz zeitsparend gleich nach Kategorien von A (sofort erledigen und ganz wichtig: Urlaubsantrag stellen und das dreimal angemahnte Konzept fürs neue Projekt schreiben) bis C (zwar dringend, aber nicht ganz so wichtig: endlich die Büropflanze gießen, die verzweifelt versucht, mit gezielt abgeworfenen braunen Blättern auf ihre extreme Trockenheit aufmerksam zu machen).

Weil jedes Konzept und erst recht das von Kollege F. verbesserungsfähig ist, hebe ich die wichtigsten Punkte in jeder Kategorie noch mit verschiedenfarbigen Textmarkern hervor, die ich mir im Sekretariat besorgt habe. Das dauert, aber es ist ja auch meine erste Zeiteinteilung. Außerdem bringt mich dieses ständige *Krchchcht-krchthcht-krchchcht* aus dem Konzept. Das Geräusch machen die superspitzen Bleistifte, mit denen F. und H. ihre erledigten Aufgaben durchstreichen. Im Viertelstundentakt trötet ihr Computer, der sie dank selbst gesetzter Termine daran erinnert, dass nun das nächste Zeitfenster zu öffnen ist.

Außerdem stören mich die unverhohlen amüsierten Blicke von Kollegin Z. Dabei könnte ihr Arbeitstag auch ein wenig mehr Struktur vertragen: Ständig springt sie von einer Aufgabe zur nächsten und beginnt selten mit dem Wichtigsten. Hätte sie nicht immer so gute Ideen, würden ihr die Chefs dieses Arbeiten nach dem Lustprinzip schnell austreiben.

Damit ich kurz vor dem Mittagessen noch etwas von meiner Liste streichen kann, gieße ich doch die Pflanze, die dankbar raschelt, was in meinem extralauten *KRRRRCHCHCHCHCHCHT* untergeht. Ich fühle mich als Herrin meiner Arbeitszeit, die von nun an einem folgsamen Hündchen gleich bei Fuß gehen wird. Kein Losreißen mehr, kein Zurückbleiben oder Davonlaufen!

Am Nachmittag verpasse ich einige meiner Zeitfenster mit der Suche nach Leuten, an die ich meine C-Aufgaben delegieren kann. »Kollege W., du hast dich doch neulich ins neue Abrechnungsprogramm eingearbeitet und …« »Sorry, ich muss hier was fertig machen. Hat das Zeit bis übermorgen um 15.45 Uhr? Da hätte ich ein paar Minuten für dich.« Ebenso im nächsten Zimmer: »Sag mal, liebe Kollegin T., du bist doch so ein Tabellen-Crack …« »Mach deine Tabellen selbst, dann hast du es auch bald drauf.«

Irgendwie habe ich mir das anders vorgestellt. Fast hätte ich meinen Stolz gedemütigt und den Kollegen F. gefragt, wie er delegiere. In dem Moment sah ich seine Mail mit dem Betreff »Unser Konzept« und dem Text: »Ich schicke dir meine

Gedanken zum neuen Projekt, dann musst du nur noch finalisieren.« Seine Gedanken bestehen aus drei Stichpunkten, die er bestimmt in einem Fünf-Minuten-Zeitfenster vor der Nachmittagskonferenz aufgeschrieben hat.

Das Meeting dauert etwas länger, da Kollegin Z. von einem achtlos fallengelassenen Nebensatz zu einer Neuausrichtung des Marketings inspiriert wird und sich die Chefin mal wieder mitreißen lässt. Innerlich höre ich meine verplanten Zeitfenster krachend zufallen. Kollege F. stößt mich an und flüstert: »Ich hoffe, du hast für die Konferenz ausreichend Puffer vorgesehen – die brauchst du, wenn Z. dabei ist.« Das hätte er mal früher sagen können.

Punkt 17.30 Uhr fahren Kollege F. und Kollegin H. synchron ihre Computer herunter, knüllen ihre abgearbeiteten To-do-Listen zusammen und verlassen das Zimmer. Meine eigene Liste streichelt sanft über die leeren Flaschen unter meinem Schreibtisch (Kategorie C/Unterkategorie c: bald mal wegräumen). Ein paar Tränen der Verzweiflung verwässern unerledigte A-Aufgaben.

Kollegin Z., die stets mitbekommt, wie es um den Gemütszustand der anderen im Büro steht, streichelt mir aufmunternd den Rücken. Ich solle mitkommen, sie würde mir gern etwas zeigen. Sie führt mich auf den Flur, an dessen Ende gerade F. und H. ihre To-do-Listen in eine Wandklappe mit der Aufschrift »Erledigt« werfen. Links davon befindet sich eine Tür, die mir noch nie aufgefallen ist und die Z. jetzt öffnet. Eine Treppe führt in den Keller, daneben ist eine kleine Rutsche, die in einer großen Blechkiste endet, die mich entfernt an einen Sarg erinnert. Aus ihr quillen zerknüllte To-do-Listen.

»Was ist das?«, frage ich Kollegin Z. flüsternd. »Das ist«, wispert sie, ebenfalls beeindruckt von der bedrückenden Atmosphäre in dem düsteren Keller, »das Grab der guten Ideen.« Diese hätten weder Zeit noch Raum bekommen, um aufzublitzen.

Inzwischen lasse ich mich vom *Krchchcht-krchthcht-krchchcht* an den Nachbarplätzen nicht mehr aus der Ruhe bringen. Meine To-do-Liste habe ich auf drei Punkte pro Tag beschränkt. Davor, danach oder dazwischen habe ich Zeit für Inspiration oder für einen Kaffee mit Kollegin Z. Am Abend, wenn die Kollegen H. und F. pünktlich das Büro verlassen haben, verbrennen Z. und ich gemeinsam unsere Drei-Punkte-Listen. Meine schönste Erleuchtung des Tages.

 ## Tipps: »Reisende To-do-Sammlung« und vier Fragen

Klassisches Zeitmanagement empfiehlt einen ganz simplen Weg, um alle anstehenden Aufgaben ruhig und entspannt zu schaffen: Machen Sie eine To-do-Liste, vergeben Sie Prioritäten, arbeiten Sie ab.

Und? Haben Sie das bereits ausprobiert?

Also haben Sie sicherlich auch schon erlebt, dass Ihre To-do-Liste sowie Ihr toller Tages- oder Wochenplan fertig war, sauber priorisiert – und dann kam das wahre Leben zur Tür herein. Das, was Sie akkurat geplant hatten, wurde von der Dringlichkeit und der Wichtigkeit neuer Aufgaben hinweggespült. Kein Wunder in unserem Alltag, der heute sehr viel agiler, dynamischer und komplexer ist als zu Zeiten der Erfindung der To-do-Liste.

Sorgen Sie mit der »Reisenden To-do-Sammlung« und vier Fragen dafür, dass Sie mit einem guten Gefühl Ihre Aufgaben im Griff haben.

»Reisende To-do-Sammlung« – so geht's:

❱ Besorgen Sie sich ein eigenständiges Utensil – losgelöst von Ihrem Kalender –, um Ihre Aufgabe zu notieren. Das kann eine Kladde sein, ein Post-it-Block, ein Word-Dokument, eine App oder was Ihnen gut gefällt.[7]

❱ **Geben Sie sich bewusst die Erlaubnis, alles zu sammeln**, was Ihnen an offenen To-dos durch den Kopf schießt. Notieren Sie alles, was Sie erledigen wollen. Ja, wirklich alles. Diese Sammlung kann und soll alle Ihre Ich-muss-, Ich-könnte-, Ich-sollte-Aufgaben enthalten. Damit machen Sie den Kopf frei. Gerade bei kreativen Chaoten und bei Menschen in einem agilen Umfeld kommen da schnell ein paar DIN-A-4-Seiten zusammen. Macht nichts! Denn:

❱ Machen Sie sich klar, dass Sie das, was Sie notiert haben, **nicht zwingend erledigen müssen**. Zum einen landen hier auch sehr viele »Könnte-Aufgaben«. Dinge, die wir tun könnten – aber nicht müssen. Ideen, die wir mal ausprobieren könnten – aber wo nichts anbrennt, wenn wir es nicht tun. Besonders in einem agilen Umfeld tauchen sehr rasch »wichtige« Aufgaben auf – nach denen dann nie wieder ein Hahn kräht. Super, oder?

❱ Bringen Sie, wenn Sie mögen, eine **leichte Struktur** in Ihre Aufzeichnungen. Sortieren Sie beispielsweise nach lang- und kurzfristigen Projekten. Oder nach privaten und beruflichen Themen. Überlegen Sie, welche Struktur Ihnen den Überblick erleichtern kann.

❱ **Picken Sie sich nun jeden Tag eine Aufgabe heraus** und erledigen Sie diese. Ist noch Zeit, dann nehmen Sie die nächste in Angriff. Ist noch Zeit, die nächste. Kommt etwas anderes – Wichtiges – daher? Kein Problem! Die nicht erledigten To-dos reisen jetzt mit Ihnen in den nächsten Tag mit. Und in den nächsten. Das erspart Ihnen eine Menge Lebenszeit, weil Sie nicht mehr Unerledigtes abschreiben müssen. Und es erspart Frust, weil wir die unerledigten Dinge nicht mehr so plakativ vor Augen haben.

»Gute Idee«, sagen Sie jetzt vielleicht. »Aber ich kann doch nicht einfach darauf vertrauen, dass ich schon irgendwann mal Zeit haben werde, die Dinge zu tun, die ich da in der ›Reisenden To-do-Sammlung‹ festgehalten habe.« Ja, Sie haben recht! Nur weil wir unsere offenen Aufgaben so fein sammeln, erledigen sie sich ja nicht von selbst.

Und das ist der Zeitpunkt, an dem wir priorisieren dürfen – nicht mit A B C- oder Papierkorb-Kategorien, sondern mit vier simplen Fragen:

1. Was bringt mich/das Team/das Unternehmen weiter, wenn ich mich jetzt darum kümmere? (Wo tun sich neue Chancen auf?)

2. Wo bekomme ich richtig Ärger, wenn ich es nicht rechtzeitig erledige? (Wo brennt was an?)

3. Wo bekomme ich Energie, wenn ich es tue? (Und das beflügelt mich für die anderen Aufgaben.)

4. Wo ist der Gewinn (in Geld oder anderen Währungen) am höchsten?

Fangen Sie in der Früh mit einer Aufgabe an, die einer dieser Fragen entspricht. Eventuell, nachdem Sie sich dreißig Minuten mit dem Beantworten von Mails und einer kleinen, aber spannenden Könnte-Aufgabe warmgearbeitet haben.

Auf diese Weise schaffen Sie im Lauf des Tages mit Sicherheit drei bis fünf der Unbedingt-Aufgaben und erledigen nebenbei noch einige energiebringende Könnte-Aufgaben. Kommen andere, wichtige Aufgaben daher: kein Problem! Der nicht so eilige Rest wandert mit Ihrer »Reisenden To-do-Sammlung« in die kommenden Tage mit.

Nehmen Sie – auf Basis der vier Fragen – immer mal Zeit-Inseln in Ihren Kalender. Das bedeutet: Blocken Sie Zeiten für Aktivitäten, die Sie unbedingt, unbedingt, unbedingt zu einem bestimmten Termin machen wollen. Weil Sie zum Beispiel Deadlines haben und entsprechend davor etwas tun müssen. Weil Sie Aufgaben haben, die nie dringlich sind – und deshalb gern unter den Tisch fallen.

Wichtig: Je kreativ-chaotischer Sie sind und/oder je agiler Ihr Alltag ist, desto mehr Luft und Raum für spontan Auftretendes dürfen Sie in Ihre Tage einplanen.

Sofort-Hilfe

Selbstcheck: »Chaot oder Systematiker«?

Übrigens: Wie Sie sich und Ihre Aufgaben am besten organisieren, hängt maßgeblich davon ab, in welcher »Talentwelt« Sie überwiegend zu Hause sind. Brauchen Sie das kreative Chaos um sich herum, um zur Höchstform aufzulaufen? Oder geben Ihnen Strukturen und fixe Abläufe den nötigen Halt, um produktiv zu sein? Finden Sie in unserem Kurz-Check heraus, welcher Organisations-Typ Sie sind und was das für Ihr Zeitmanagement bedeutet.[8]

**Bitte lesen Sie die folgenden Aussagen durch
und entscheiden Sie sich jeweils für eine
der möglichen Antworten.**

Wenn Sie ein Projekt oder eine Arbeit planen,

- ● dann tun Sie das eher in groben Zügen, bestimmen lediglich die grobe Marschrichtung

- ☐ dann tun Sie das bis ins kleinste Detail und überlassen nichts/wenig dem Zufall

- ■ besorgen Sie sich zunächst alle verfügbaren Informationen, die Einfluss auf die Arbeit haben könnten

- ○ besprechen Sie das Vorgehen am liebsten mit anderen Menschen, um im Team eine Lösung zu finden

Wenn Sie private Termine oder Verabredungen haben, kommen Sie in der Regel

- ☐ zu früh

- ◯ pünktlich

- ◼ höchstens ein paar Minuten zu spät

- ● zu spät

Wenn Sie aufräumen oder Unterlagen sortieren,

- ☐ achten Sie verlässlich auf die richtige Reihenfolge und den korrekten Platz der Dinge

- ● ist »fertig zu werden« wichtiger als die Umsetzung im Detail

- ◯ achten Sie darauf, dass auch andere Menschen mit dieser Ordnung klarkommen

- ◼ folgen Sie logischen Kriterien

Was tun Sie am liebsten?

- ◼ Situationen analysieren

- ☐ Dinge realisieren

- ● neue Ideen entwickeln

- ◯ mit anderen kommunizieren

Wenn Sie bei wichtigen Dingen eine Entscheidung treffen, dann

- haben Sie ein Gesamtkonzept im Auge

- sammeln Sie Fakten und Argumente, berücksichtigen Sie so viele Faktoren wie möglich, wägen Sie ab und denken gründlich nach

- handeln Sie oft spontan aus dem Bauch heraus

- erstellen Sie sich eine Entscheidungs-Matrix

Wenn Sie Arbeitsanweisungen erhalten, wie möchten Sie diese?

- Ich wünsche mir einen groben Rahmen mit den Zielen und dann die Freiheit, selbst zu entscheiden, wie ich diese Ziele erreiche.

- Ich wünsche mir präzise Angaben und übersichtliche Daten und Fakten sowie konkrete Messgrößen, was ich zu erfüllen habe.

- Ich wünsche mir einen konkreten Zeit- und Maßnahmenplan, den ich abarbeiten kann, gern z. B. auch Checklisten.

- Ich wünsche mir eine klare Rollenverteilung und jederzeit die Möglichkeit für Rückfragen.

Bei neuen Projekten ist Ihnen wichtig, dass ....

- ■ sie sich rechnen

- ● wir daran wachsen und uns entwickeln können

- □ wir auf bewährtes Wissen zurückgreifen

- O wir ein starkes, harmonisches Team bilden

Auswertung:

Bitte zählen Sie zusammen, wie viele □ ■ O ● Sie jeweils angekreuzt haben:

□: _____   ■: _____   O: _____   ●: _____

Auswertung:

Sie haben überwiegend ■: Dr. Annaliese Logisch – Sie lieben es, mit Zahlen, Daten und Fakten zu jonglieren, kennen mit Sicherheit den exakten Stand Ihrer privaten Konten, reden gern klar und knapp auf den Punkt, legen Wert auf Details und hassen ineffiziente Zeit- oder Geldverschwendung. Ihre Ausgaben kalkulieren Sie genau und neigen dazu, Einzelschritte Ihrer Aufgaben exakt zu benennen und zu timen. Unpünktlichkeit und Unvorhergesehenes sind Ihnen ein Gräuel.

Sie haben überwiegend ☐: Ottmar Ordentlich – Sie leben gern in einer aufgeräumten, soliden Umgebung, wissen die Dinge an ihrem richtigen Platz. Sie mögen klar strukturierte Tagesabläufe, planen gern und möchten sich an Ihre Pläne auch halten. Sie arbeiten bevorzugt mit Checklisten und vertrauen auf Bewährtes. Routinen geben Ihnen Halt. Unvorhergesehenes hingegen wirft Sie leicht aus der Bahn.

Sie haben überwiegend ●: Igor Ideenreich – Sie lieben es, spontan und flexibel in den Tag zu leben. Sie sind häufig auf den letzten Drücker unterwegs, weil Ihnen in allerletzter Sekunde noch ganz wichtige Dinge einfallen. Deshalb kommen Sie auch häufig zu spät und ecken damit an. Sie lieben den Überblick mehr als das Detail. Ihre Lebenshaltung ist eher locker und optimistisch.

Sie haben überwiegend ○: Hanni Herzlich – Sie sind sehr herzlich und einfühlsam. Sie merken schnell, wenn es anderen Menschen nicht gut geht, und unterstützen dann, wo Sie nur können. Harmonie und eine gute Beziehung zu anderen sind Ihnen wichtig. Sie sind emotional und handeln nach Ihrem Bauchgefühl.

Misch-Typen:

Sie haben keine eindeutige Mehrheit bei einer Typen-beschreibung? In der Regel sind wir alle mehr oder weniger »Misch-Typen«. Suchen Sie deshalb bei den zutreffenden Beschreibungen jeweils die Tipps und Strategien heraus, die Ihrer Meinung nach am besten passen.

Was Sie daraus für sich ableiten können:

Wie wir uns und unsere Aufgaben am besten organisieren, ist eine Frage unserer Talente. Sehr systematisch-analytische Menschen (Dr. Annaliese und Ottmar) tun sich in der Regel mit den Tipps aus dem klassischen Zeit- und Selbstmanagement relativ leicht. Kreative Chaoten (Igor und Hanni) sowie Menschen in einem agilen, dynamischen (kreativ-chaotischen) Umfeld hingegen schreiben auf, was sie tun müssen, was sie tun könnten, wem sie längst schon etwas versprochen haben – und was ihnen dabei auch noch einfällt. Und im Handumdrehen haben sie ein Brainstorming von fünf DIN-A4-Seiten möglicher Aufgaben vor sich liegen. Wenn Sie sich jetzt noch die Mühe machen, hier Prioritäten zu vergeben, oder denken, Sie müssten all das auch wirklich abarbeiten – dann ist der Stress da, bevor die Arbeit überhaupt losgeht.

Lösen Sie sich davon, wie »man« sich organisiert. Und wählen Sie lieber Methoden, die zu IHNEN passen. Und zu Ihrem Tätigkeitsbereich.

Folgende Ideen helfen:

Kreativer Chaot in einem agilen Umfeld: Machen Sie eine »Reisende To-do-Sammlung« (s. o.) statt einer täglich neuen To-do-Liste. Spielen Sie Ihren Wunsch nach Flexibilität und Unterstützung anderer aus, und genießen Sie die täglichen Überraschungen.

Kreativer Chaot in einem planbaren Umfeld: Nutzen Sie die Vorhersehbarkeit der Ereignisse, um sich Ruhephasen für Kreatives und Neues sowie für andere Menschen zu schaffen. Schotten Sie sich in diesen Zeiten gegen Störungen ab. Das macht Sie zum Produktivitäts-Turbo.

Systematisch-Analytischer in einem agilen Umfeld: Planen Sie weniger! Halten Sie sich viele Freiräume und Luft für die unvorhergesehenen Aufgaben sowie für Störungen offen. Ihr Alltag ist NICHT planbar – also versuchen Sie es auch nicht. Das schont Ihre Nerven.

Systematisch-Analytischer in einem planbaren Umfeld: Machen Sie es so, wie es das klassische Zeitmanagement lehrt.

6. Rotköpfchen und der böse Vortrag

Souverän sieht das nicht aus: Mit der Präsentation beginnen der Blutstau und das große Zittern.

Es gibt Gelegenheiten im Job, um vor versammelter Mannschaft zu glänzen und einen nachhaltig souveränen Eindruck zu machen: gewitzte Wortmeldungen zum Beispiel, Vorträge oder Präsentationen am Ende eines Projekts. Auch Kollegen und Vorgesetzte, die sonst wenig bis überhaupt gar nichts mit einem zu tun haben, bekommen so eine Vorstellung davon, welch wertvoller Mitarbeiter vor ihnen steht. Leider weiß mein Körper um den Ernst der Lage. Er eilt mir jedes Mal – wie er denkt – zu Hilfe, allerdings im Steinzeit-Modus. Mein Puls rast, die Hände zittern, das Gesicht glüht, ich bin bereit zur Flucht. Das wäre höchst lobenswert, käme ein Säbelzahnlöwe um die Ecke. Doch da sitzen nur Papiertiger.

Trotzdem fange ich an zu schwitzen, zum Glück habe ich mir gerade noch in der Toilette einige Papierhandtücher unter die Achseln geklemmt. Wenn ich die Ellenbogen fest an die Seite presse, fällt das gar nicht auf. Lieber wie ein Roboter wirken als Schweißflecken zu präsentieren! Ich konzentriere mich ganz aufs Stress-Wegatmen, einatmen 1 … 2 … 3 … 4, ausatmen 1 … 2 … 3 … 4, einat…

»Ist alles in Ordnung bei dir?«, fragt Kollegin C., unser Abteilungsmuttchen. Kann sie nicht einmal das Betüddeln sein lassen, denke ich erbost und werde noch röter. Auch die Kollegen R., T. und O. mustern mich nun interessiert, denn Kollegin C. sitzt vier Plätze von mir entfernt und musste daher etwas lauter rufen. »Alles klar«, krächze ich und frage mich, wohin meine Stimme verschwunden ist.

Tief und sonor sollte sie sein, so hören die Leute lieber zu und glauben dem Redner alles, wirklich alles: Putzen sei schlecht für die Zähne? Natürlich, lieber Bariton-Vortragender, wir werfen unsere Zahnbürsten weg! Der piepsige Dazwischenrufer (»Tut es nicht, denkt an Karius und Baktus!«) wird als Stimme der Vernunft überhört, da sein atemloses Wispern doch keiner ernst nehmen kann.

Schnell, weiteratmen, 1 ... 2 ... 3 ... 4, die Chefin hat die Konferenz schon eröffnet, 1 ... 2 ... 3 ... 4, gleich 1..2..3..4 bin 1.2.3.4 ich dran 1234!

»Nur die Ruhe, das schaffst du schon«, flüstert Kollegin C. für alle hörbar und streckt aufmunternd grinsend die Daumen hoch. Sie sollte mir heute besser nicht allein im dunklen Flur zum Druckerraum begegnen. Ich versuche, das Kichern der Kollegen R. und T. zu überhören und zu atmen, tief, 1 ... 2 ... 3 ... »... übergebe ich jetzt an unsere Referentin, die uns die neuen Zahlen im Detail präsentieren wird«, sagt die Chefin. »4!«, sage ich. Mir bleibt vor Schreck die Luft weg, dafür johlen die Kollegen.

»Nun«, sagt die Chefin süffisant, »ich hoffe, Sie haben noch ein paar andere Zahlen für uns.« »1,2 oder 3 vielleicht?«, fragt Kollege T. Vor Lachen rutscht Kollegin O. unter den Tisch.

An den Rest meines Vortrags habe ich kaum eine Erinnerung, jedenfalls nicht an den Inhalt. Die Kollegen wohl auch nicht – selbst wenn sie versucht haben sollten, glucksend meinen Erläuterungen zu folgen. Immerhin schaffte ich es trotz zitternder Hände, die Return-Taste oft genug zu treffen, um den Powerpoint-Vortrag statt in zehn in nur vier Minuten zu Ende zu bringen. Ich habe mich auch bestimmt nicht mehr als achtmal versprochen, während ich durch die Präsentation preschte wie Forrest Gump als Footballspieler durchs Stadion, ohne Rücksicht auf den Verlust von Zuhörern.

»Brrrr, ruhig, Brauner«, flüsterte mir Kollege R. zu, dieser Satan in Nadelstreifen, der mit seinen Beiträgen jede Konferenz nonchalant zu seiner Bühne macht. Ich galoppierte noch verbissener weiter. Als ich durchs Ziel preschte und die letzte Folie schloss, lehnte ich mich erleichtert zurück und lockerte meine verkrampften Schultern.

Die zwei feuchtnassen Papiertücher, die links und rechts neben meinem Stuhl aufklatschten, machten meinen Auftritt vollends unvergesslich.

 ## Tipps: 15 Ratschläge für souveräne Vorträge

Die gute Botschaft vorab: Selbst professionelle Redner und Schauspieler sind nach vielen Jahren noch nervös. Und das ist gut so. Lampenfieber macht unsere Präsentationen besser. Der Grund: Unter Stress schüttet unser Körper Adrenalin aus, und das befähigt uns zu Höchstleistungen. Unsere Aufmerksamkeit und Konzentration steigen.

Aber natürlich sind Schweißausbrüche und Wasserfall-Reden nicht gerade erwünscht und wirken schnell unsouverän. Folgende Tipps helfen Ihnen:

1. Bereiten Sie sich gut vor. Erstellen Sie nicht nur (falls gewünscht) eine Powerpoint-Präsentation, sondern notieren Sie in Stichworten auf einem Din-A-6-Kärtchen (kein dünnes Din-A-4-Papier! Das zittert in Ihren Händen) oder Ihrem Tablet, was Sie sagen wollen. Von ausformulierten Sätzen rate ich ab, denn die verführen schnell zum Vorlesen – eine Zumutung für Ihre Zuhörer. Profis verankern mit Merktechniken die Inhalte im Vortrags-Raum (z.B. Loci-Technik). Dann können Sie komplett frei sprechen. Versuchen Sie das aber nur, wenn Sie schon ein bisschen geübter sind. Stichwort-Zettel sind komplett akzeptiert – denken Sie an die Moderationskarten von TV-Moderatoren.

2. Üben Sie wichtige Vorträge mindestens dreimal komplett – vor einem Spiegel, in dem Sie sich selbst beobachten können. Schauen Sie sich dabei immer selbst in die Augen. Bei ganz, ganz wichtigen Reden üben Sie vor Publikum wie dem Partner oder der besten Freundin.

3. Trainieren Sie, nach einigen Sätzen den Hörern Zeit zum Nachdenken zu geben. Je nervöser wir sind, desto mehr galoppieren wir in der Regel durch unsere Inhalte. Sprechen Sie zwei bis drei Sätze, dann machen Sie bewusst eine Pause. Zählen Sie innerlich »21, 22, 23«. Dann sprechen Sie weiter. Überlegen Sie sich, wie Sie im echten Vortrag an Ihre Pausen denken können. Gibt es im Raum einen Gegenstand, den Sie von Ihrem Platz aus gut im Blick haben? Dieser Gegenstand ist Ihr »Anker«, der Sie an Pausen erinnert. Nichts im Blick? Nutzen Sie Ihren Ehering, Ihr Armband oder einen Gegenstand als Erinnerung, den Sie an diesem Tag auf jeden Fall an Ihrem Körper haben werden.

4. Vermeiden Sie es, vor Vorträgen Kaffee oder gar Alkohol zu trinken. Kaffee fährt die Nervosität nur noch mehr nach oben, während Alkohol Ihre Wahrnehmung dämmt.

5. Nutzen Sie vor Vorträgen ruhig ein knallhartes Komplett-null-Schweiß-Deo, selbst wenn Sie normalerweise auf gesunde Produkte achten. In Ausnahmefällen dürfen auch mal Ausnahme-Mittel angewandt werden.

6. Versuchen Sie unbedingt, mit ausreichend Zeit **vor** Beginn der Veranstaltung allein (oder mit einem Techniker) im Raum zu sein und einen Technik-Check zu machen. Schließen Sie alles an, prüfen Sie, ob die Präsentation läuft. So haben Sie einen Unsicherheitsfaktor schon mal ausgeschaltet.

7. Beruhigen Sie sich kurz vor Ihrer Präsentation an einem Ort, wo Sie keiner sieht (Waschraum) mit folgender Übung: Schütteln Sie Ihre Hände, Finger, Beine jeweils so, als ob Sie Farbe an den Fingern und Zehen hätten und damit die Decken, die Wände, den Boden bunt verzieren wollten. Machen Sie sich körperlich locker.

8. Lösen Sie auch Ihren Kiefer und die Kaumuskeln mit Sprech-Übungen. Sagen Sie laut (an einem Ort, wo sonst keiner ist ...) mit einer übertrieben deutlichen Mundbewegung mehrmals hintereinander: »Herr Haaachen, können Sie mir saaaaachen, was es hat geschlaaaaaachen an diesem Ort?« Oder formulieren Sie einen eigenen Satz, der eine übertriebene Mimik fordert.

9. Zu Beginn Ihres Vortrags: Nehmen Sie sich die Zeit, sich in

Ruhe hinzustellen und hüftbreit (die Damen: hüftschmal) Ihr Gewicht auf beide Beine gut zu verteilen. Gehen Sie ganz leicht in die Knie – wie wenn Sie Skischuhe anhätten. Das erdet Sie und garantiert eine feste, aber doch flexible Haltung.

10. Atmen Sie tief ein und aus. Dann sagen Sie Ihren ersten Satz.

11. Lassen Sie Ihren Blick locker im Raum schweifen und schauen Sie Ihren Zuhörern in die Augen. Schauen Sie bewusst in alle Richtungen, wo Teilnehmer sitzen, das gibt Ihrem Publikum das gute Gefühl, wirklich einbezogen zu sein.

12. Suchen Sie sich dann Menschen, die Sie positiv unterstützen, weil diese aufmerksam lauschen, vielleicht sogar nicken. Blicken Sie diese öfter an, um sich Energie zu holen. Schauen Sie Kollegen, die sich anderweitig beschäftigen (Handy!), weniger oft an. Lassen Sie sich von deren Unaufmerksamkeit nicht antriggern – das Verhalten wirkt grob unhöflich, ja! Aber es muss nichts mit Ihnen oder Ihrem Vortrag zu tun haben. Vielleicht ist der Kollege angespannt, weil er ein krankes Kind zu Hause hat. Wir wissen es nicht – und lassen es deshalb an uns vorbeiziehen.

13. Bereiten Sie sich auch auf mögliche kritische Rückfragen vor. Machen Sie sich klar, dass ein Igor Ideenreich unter Ihren Zuhörern immer gern einen Ausblick haben will und eine Antwort auf die Frage »Warum?« erwartet, während ein Ottmar nach dem »Wie?« fragt und sich eine zeitliche Struktur wünscht. Die Annaliese erwartet ein Maximum an Zahlen, Daten, Fakten und ist berühmt für oberkritische Nachfragen (»Advocatus Diaboli«) – während die Hannis

dieser Welt gern auf die Auswirkungen auf das Team (die Gesellschaft …) blicken. Bei Fragen, auf die Sie spontan keine Antwort haben, bedanken Sie sich und versichern, Sie werden diese Infos sofort im Anschluss recherchieren und nachreichen.

14. Reden Sie nie, nie, nie (!) über vermeintliche Fehler in Ihrer Präsentation. (»Eigentlich hätte hier jetzt ein Film kommen sollen, aber …«). Die Zuhörer wissen ja nicht, was Sie vorhatten! Mit solchen Bekenntnissen machen Sie sich klein und demontieren Ihre Kompetenz. Gehen Sie nur auf für alle im Raum deutlich erkennbare Probleme ein. Sagen Sie nichts, wenn Sie meinen, rot zu werden. Den meisten fallen unsere Unpässlichkeiten erst auf, wenn wir sie thematisieren. Also tun Sie es nicht.

15. Seien Sie nett zu sich selbst. Und machen Sie sich klar: Versprecher und kleine Hänger sind menschlich und machen Sie authentisch.

Wann wir zittern

Wenn uns kalt ist

Wenn wir vor einem Löwen
stehen – ohne Gitter

Wenn uns am Morgen klar wird,
dass wir den Geburtstag des/
der Liebsten vergessen haben

Wenn wir einen Vortrag
halten müssen

7. Der tägliche Klima-Gipfel

Wie es Hitze, Kälte und lebensbedrohlicher Sauerstoff-mangel unmöglich machen, im Büro zu arbeiten.

Wissenschaftler warnen, dass Klima-Extreme zu Kriegen führen könnten. Als ob das etwas Neues wäre. Im Büro sorgen extreme Kälte, erdrückende Hitze und lähmende Sauerstoff-Knappheit schon lange für spannungsgeladene Gewitterstimmung. Unabhängig von der Jahreszeit und überraschenderweise auch vom Wetter.

Kollege S. etwa, ein wandelndes Bluthochdruckgebiet, leidet im Sommer wie im Winter unter der enormen Hitze im Zimmer. Von 7.45 Uhr bis 17.05 Uhr geben Mini-Ventilatoren auf seinem Schreibtisch ihr Bestes, doch das ist nicht genug: S. schwitzt trotzdem. Immerhin schaffen es die Ventilatoren, dass alle im Raum an S.s persönlicher Duftnote teilhaben.

Ich hingegen verwandle mich bereits nach fünf Minuten Sitzen in einen gefühlten Eisblock. Daher wickele ich mich jeden Morgen in zwei Decken (eine für die Beine, eine für den Oberkörper). Darunter trage ich nur eine dicke und eine dünne Büro-Strickjacke sowie eine Skihose zum Aufzippen an den Seiten, mehr wäre übertrieben. Die Füße stecke ich in einen Fell-Fußsack, den ich »Pouf« nenne, weil es sich schicker anhört als der Sack aussieht.

Ich hatte ihn mir zu Weihnachten gewünscht und fing mir damit nach Neujahr eine volle Breitseite von S. ein. Dem kam ein Ventil nach den Benimm-dich-Familienfeiertagen gerade recht: »Ein was, ein Puff? Das kenn ich aber anders, allerdings steckt Mann da …« Mit welchem Bonmot er die Büro-Gemeinschaft erfreuen wollte, wird für immer ungesagt bleiben, denn Kollegin K. rauschte ins Zimmer und riss das Fenster so schwungvoll auf, dass der Rahmen Kollege S. am Hinterkopf traf. »Hier ist gar kein Sauerstoff, wir ersticken ja!«, rief K. und inhalierte tief die vom Berufsverkehr angereicherte Stadtluft. Vier Sauerstoffmoleküle später war Kollegin K. wieder so weit zu Atem gekommen, dass sie ihr stündliches Mantra anbringen konnte: »Erst wenn man von draußen reinkommt, merkt man, wie schlecht die Luft im Raum ist!«

Der beißende Geruch nach Abgasen weckte Kollege S. aus seiner kurzen Ohnmacht, auch meine spitzen Schreie trugen wohl dazu bei: »Bist du verrückt, es … ist … doch … so-wie-so-schon-so-eis-kalt-hier-drrrrrrin!« Zähneklappern verleiht eine ganz eigene Sprachmelodie.

»Nein, lass offen, ich schmelze noch«, rief S., der alte Egoist, und reckte der kühlen Brise genüsslich die Arme entgegen. Die Brise nahm die Einladung trotz der deutlich sichtbaren Schweißflecken unter S.s Achseln an und wirbelte einige Papierstapel durcheinander. An meiner Nase bildete sich ein Blitzeiszapfen. Unter größter Anstrengung hob ich flehend die blaugefrorenen Hände: »Hab Erbarmen! Schließ das Fenster, bevor es zu spät ist.« Kollegin K. musterte mich kühl, ging zum Fenster gegenüber und riss es ebenfalls weit auf.

Regelmäßiges Stoßlüften sei nötig, belehrte sie alle, die es nicht hören wollten, um verbrauchte Luft möglichst schnell aus einem Zimmer zu wirbeln, ohne den Raum mit einem dauergekippten Fenster herunterzukühlen. Das würde nämlich zu Schimmel führen und … Wegen der Lammfellmütze mit Ohrenschützern hörte ich nur sehr selektiv und war daher Argumenten gegenüber nicht aufgeschlossen. »Erbarmen«, wimmerte ich leise, meine Kinnlade steif vor Kälte. Kollege S. knöpfte sein Hemd auf, damit der Bauchnabelsee ebenfalls austrocknen konnte. Kollegin K. lief schnüffelnd in die entlegenste Zimmerecke, um zu prüfen, ob es der Luftzug ja auch bis hierhin geschafft hatte.

Es plätscherte zweimal unter dem Tisch von Kollege S., als er sich erhob, um Kopien aus dem Drucker zu holen. S. hatte die Salatschüssel und das Bowle-Glas mit Wasser, Eiswürfeln und seinen Füßen gefüllt. Feuchte Spuren auf dem Teppich in Neutralgrau zeigten, dass er auf dem Weg zum Drucker einen Abstecher zum Waschbecken machte, um sein feuchtes Handtuch im Nacken mit frischem Wasser nachzukühlen. Seine Fußabdrücke direkt neben der Heizung waren sogleich getrocknet. Das fiel auch S. auf, als er tropfend vom Drucker zurückkam.

»Hast du«, schnaubte er und wurde noch röter, »hast du etwa schon wieder heimlich die Heizung hochgedreht? Du weichgekochte Tiefkühl-Mimose!« Ich klammerte mich mit meinen handgenähten Rentierfellfäustlingen am Thermostat fest, zu allem entschlossen, schließlich drohte der Kältetod. Kollege S. riss die Salatschüssel unter seinem Schreibtisch hervor und wollte die darin verbliebene Hälfte Eiswasser über mir auskippen. Kollegin K. rannte zum Fenster und hyperventilierte.

»Spinnt ihr noch oder arbeitet ihr schon?«, fragte die Chefin vom wohltemperierten Flur aus. Sie gehört der mittleren Führungsebene an, hat also gute Ideen, die dann die obersten Chefs als ihre eigenen ausgeben können.

Ein paar Wochen später waren die Büros neu verteilt: Ganz oben im Haus unter großen Dachfenstern und mit einer Fußbodenheizung, die auch als Herdplatte verwendet werden konnte, zog die zitternde Herde der Verfrorenen ein. Im fensterlosen

Keller mit immerkühlen Betonwänden ließen die Hitzigen ihre Hüllen fallen, unter ein paar Wunderbäumchen, die von den Rohren baumelten – »nur zur Sicherheit«, hatte die Chefin gesagt. In der Mitte des Gebäudes waren alle nichttragenden Zwischenwände herausgerissen worden, um im Großraumbüro ein ganztägiges Nord-Ost-Süd-West-Lüften zu ermöglichen.

In den Etagen oben lagen zusätzlich Heizdecken, unten Kühlpads und in der Mitte Sauerstoffmasken bereit – keine Hitzewallung, kein Kälteschub, keine Luftknappheit sollten mehr von der Arbeit abhalten. Es hätte das Paradies unter den Bürohäusern werden können. Bis einer der neuen Oberbosse sich profilieren wollte, oder »Akzente setzen«, wie er es nannte. Die mittlere Chefin fragte er vorher leider nicht um Rat – das habe er nun wirklich nicht nötig.

Er ließ eine Klimaanlage einbauen.

 Tipps: Richtig lüften & heizen

Dicke Luft aufgrund dicker Luft ist in den meisten Büros Dauerzustand. Kein Wunder, haben wir doch alle ein völlig unterschiedliches Wärme-Kälte-Frischluft-Bedürfnis. Während die »Arbeitsstättenregeln« eine Mindesttemperatur von 20 Grad für leichte Tätigkeiten im Sitzen vorschreiben, empfehlen Raum-Klimaexperten zu Zeiten der Heizperiode im Büro eine Temperatur zwischen 19 und 24 Grad und im Sommer eine »Behaglichkeitstemperatur« von 23 bis 26 Grad.[9] Allerdings sollte es nie wärmer als 26 Grad werden – denn dann schlaffen die meisten von uns ab.

Hier ein paar sachliche Tipps für die nächste Diskussion im Kollegenkreis:

Voll aufgedrehte Heizungen und gleichzeitig gekippte Fenster bringen weder konstante Wärme noch wirklich **frische Raumluft. Wir erhöhen damit lediglich** den Energieverbrauch.

Experten empfehlen daher die sogenannte Stoßlüftung. Dazu drehen Sie die Heizung ab und öffnen die **Fenster für rund drei Minuten komplett. Selbst in Stadtgebieten kommt so** möglichst viel frische Luft herein. Anschließend die Heizregler wieder hochdrehen, und der Raum ist bald so warm wie zuvor.

Als noch effektiver gilt die sogenannte **Querlüftung**. Dabei öffnen Sie nicht nur die Fenster über der (abgedrehten) Heizung, sondern reißen auch die gegenüberliegenden Fenster und/oder Türen auf. Effekt: Der sonst so gefürchtete »Gegenzug« tauscht die Raumluft noch schneller aus. Außerdem produzieren wir mit dieser Art des Lüftens **keine Wärmeverluste an Wänden oder Böden (was bei einem gekippten Fenster bei laufender Heizung geschieht).**

Wichtig: Legen Sie in Ihrem Büro Zeiten für regelmäßiges Lüften fest, oder warnen Sie die Kollegen vor, damit diese beispielsweise auch Papiere rechtzeitig beschweren können.

Sind Sie selbst eher »verfroren«, können Sie mit der schon von unserer Oma gelehrten »Zwiebeltechnik« für behagliche Wärme sorgen: Ziehen Sie mehrere Lagen Kleidung übereinander. Da wärmen nicht nur Unterhemd, Hemd und Strickjacke, auch die dazwischenliegenden Luftschichten isolieren Ihren Körper.

In jedem Fall werden wir den Dauer-Clinch »Klima« nur mit sehr viel Wertschätzung und Kommunikation in den Griff bekommen. Bleiben Sie geduldig, und bewahren Sie einen kühlen Kopf.

Sofort-Hilfe

Der Geduldsfaden

Lernen Sie, duldsam mit Ihren Kollegen zu werden. Und wenn bei der nächsten Hitze-Kälte-Frischluft-Diskussion mal wieder Ihr Geduldsfaden nervenzerfetzend gespannt ist, dann reißen Sie doch einen echten Geduldsfaden ab.

Schneiden Sie den Geduldsfaden auf dieser Seite aus. Und reißen Sie, wann immer Sie genervt sind, ein Stückchen ab. Mit einem kräftigen »Yo!«.

Das entspannt.

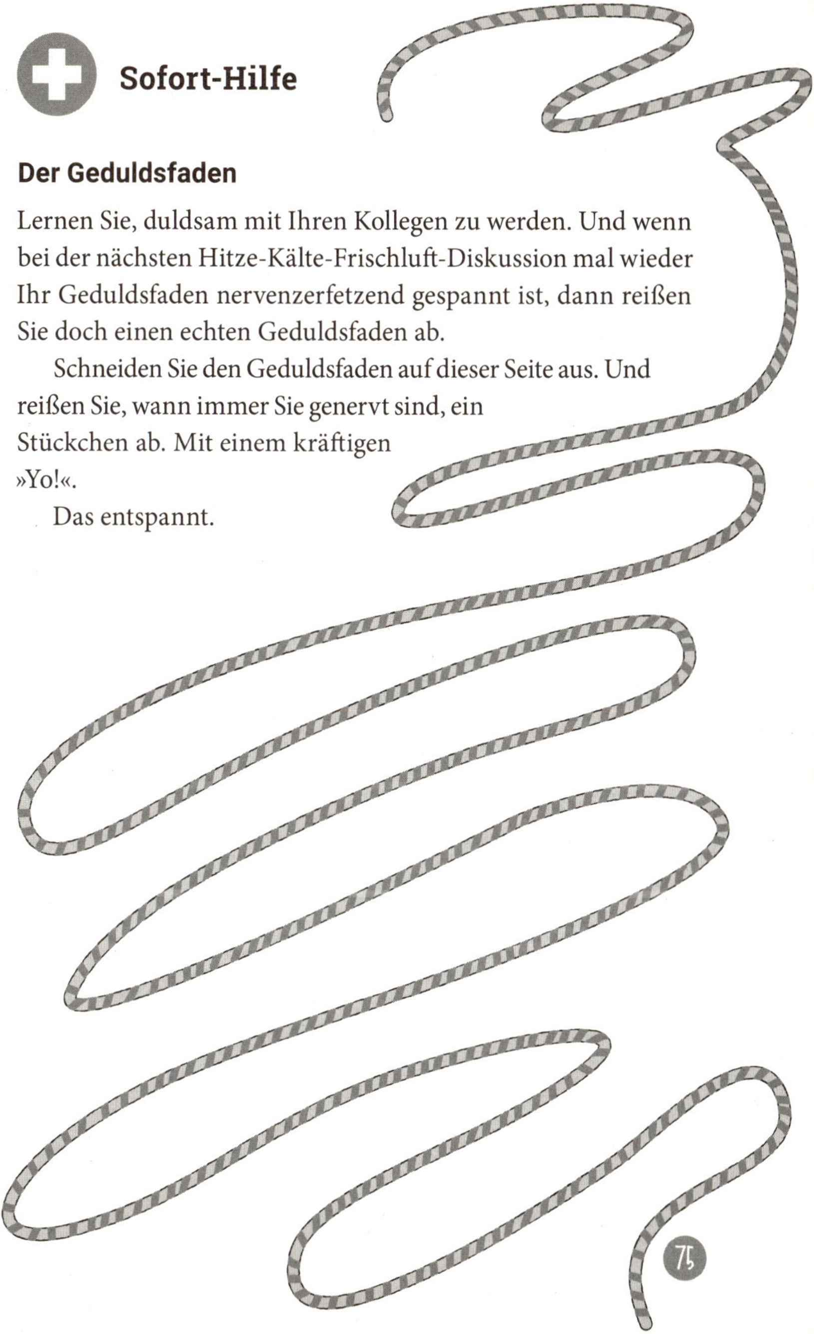

8. Lebst du schon oder arbeitest du noch?

Überstunden sind ein notwendiges Übel, denken einige Kollegen – nicht alle davon sind Chefs.

Wäre die Wirklichkeit so, wie es auf Papier geschrieben steht, wären wir alle zu dieser späten Stunde nicht mehr hier. Sondern würden Feierabend machen, wie im Arbeitsvertrag vorgesehen. Aber Papier ist geduldig, heißt es – Chefs sind das eher nicht. So herrscht am Abend im Büro noch rege Betriebsamkeit, die umso verbissener wird, je später es ist. Selbst die Raucher denken jetzt nicht mehr an Pausen, sondern ans Heimkommen. Nur Kollege H. wirkt noch recht vergnügt.

Kein Wunder, H. gehört zum Überstunden-Typ, den nur Chefs mögen – wenn überhaupt. Denn Kollege H., der ewige Karrierist, hat noch nicht mitbekommen, dass Mehrarbeit am Abend nur noch von Chefs hinter dem Mond als besonderer Fleiß interpretiert wird. Andere Führungskräfte kennen die Studien des Inhalts, dass der Abendarbeiter nur seinen Tag nicht richtig strukturieren kann. Karrieristen wie Kollege H. aber gehen grundsätzlich davon aus, dass ihr Boss hinter dem Mond lebt und beeindruckt werden will: Also schickt H. seine Mails mit dem Betreff »Schau, wie fleißig ich bin« betont spät und unterbricht seinen überlangen Arbeitstag höchstens für ein kleines Nacht-Nickerchen daheim. Oder schlummert gleich im

Büro (die Putzkolonne weigert sich inzwischen, seinen Raum zu betreten, wo es frühmorgens spukt und unheimliche Gestalten stöhnend unter dem Schreibtisch hervorkriechen). Leider lebt unser Chef hinter dem Mond und ist von H. beeindruckt. Aber von Kollege G. noch viel mehr.

Was Karrieristen wie Kollege H. nicht wissen: Die Schlaueren unter ihren Kollegen – also G. – terminieren den Sendezeitpunkt ihrer Mails manuell nach hinten und verlassen das Haus bereits kurz nach dem Chef. Dank des erholsamen Feierabends fällt ihnen tagsüber das Arbeiten leichter – und auch der entspannte Blick zurück, wenn sie bei der nächsten Beförderung den Karrieristen überholen.

Falls die Schlaueren einmal Überstunden machen sollten, dann nur, weil sie zum zweiten Typus gehören: den Stressspitzen-Arbeitern. Diese tun sich Überstunden wirklich nur bei wichtigen Projekten an, wenn die Zeit zu knapp und der Druck zu groß wird. Unter diesen widrigen Umständen schaffen sie aber abends tatsächlich noch etwas weg. Kollegin B. etwa, die dann zwar zetert, wütet und brüllt, weil natürlich ausgerechnet jetzt die Technik versagt, wenn man sie mal braucht. Aber irgendwie und irgendwann hetzt Kollegin B. doch noch ins Ziel. War sie dabei nicht allein, stößt das Stressspitzen-Team anschließend gemeinsam darauf an, kurz vor knapp doch nicht untergegangen zu sein.

Es gibt aber unter den Überstunden-Malochern noch eine dritte Gruppe – leider die größte und leider meine: die Erben des Sisyphos. Schon beim Urvater der Überstunden ist nicht ganz klar, warum er den Felsbrocken immer wieder einen Hang in der Unterwelt emporwuchten muss. Und auch seine Nachfolger haben keine Ahnung, womit sie die tägliche Mehrarbeit verdienen – außer, sie hatten den Arbeitstag mit ausgedehnten Kaffee-, Zigaretten- und Mittagspausen sowie dem Zählen der verbleibenden Büroklammern in die Länge gezogen. Aber für so etwas habe ich schon lange keine Zeit mehr. Denn kühl kalkulierende Oberbosse der Firma haben sich ausgerechnet: »Weniger Angestellte bei gleicher Arbeit steigern den Gewinn.« Danach ließen sie den Rotstift rechtzeitig fallen, um mit ihren Golf-Partnern vor der Partie noch Mittagessen zu können.

Seit die Stellen nicht mehr nachbesetzt werden, merke ich kaum noch, wann eigentlich Feierabend wäre. Der Aktenstapel auf meinem Schreibtisch ist über mich und das Fenster hinausgewachsen und verhindert natürlichen Lichteinfall. Dieser Stapel scheint ein wahres Wunderwerk zu sein, wenn auch kein erfreuliches: Er wird einfach nicht kleiner, egal, wie viel Arbeit ich hineinstecke. Im Gegenteil, auch am anderen Tischende erhebt sich seit kurzem ein To-do-Turm. Das bemerkt auch der Chef, als er auf dem Nachhauseweg noch mal kurz über die Aktensammlung linst. Da hätte ich aber noch einiges vor mir, sagt er und mahnt väterlich: »Machen Sie aber nicht mehr so lange.« Komisch, dass ich mich gar nicht über die Fürsorge zu freuen scheine. Ganz schön undankbar, die Angestellten heutzutage.

Zwei Stunden später steht die Auf-den-letzten-Drücker-fertig-Truppe vor der Tür, beschwingt vom Adrenalin, weil sie es mal wieder gerade so geschafft hat, das Projekt nicht in den Sand zu setzen. Ob ich mitkäme, feiern in der Bar? Doch ich habe nichts zu feiern.

Eine weitere Stunde später, selbst der Karrierist hat seine letzte Mail des Tages verschickt und schnarcht leise unter seinem Schreibtisch, schrecke ich hoch. Aus dem Druckerraum am Flurende dröhnt rhythmisch ein schnarrendes Geräusch. Ich bewaffne mich mit dem Tacker und schleiche mich an.

Ganz hinten im Raum steht Kollegin W., sie hat den Staubschutz von einem Gerät gezogen, das ich für einen alten Drucker gehalten habe. In ihrem Arm hält W. einen Stapel Papiere, mit denen sie den Schredder füttert. Was sie da mache, frage ich, während ich den Tacker hinter meinem Rücken verstecke.

Kollegin W. fährt herum, dann erkennt sie mich und lächelt verschwörerisch: »Überstunden abbauen.«

Eine Viertelstunde später eile ich mit Kollegin W. los, die anderen sind bestimmt noch in der Bar. Es gibt einen Grund zu feiern!

 ## Tipps: Die wahren Beweggründe finden

In der Regel sind Aufgabengebiete so eingerichtet, dass die Mitarbeiter ihr Pensum in ihrer normalen Arbeitszeit schaffen können. Ausnahmen von der Regel gibt es allerdings zuhauf: Weil das Unternehmen gerade eine Krise hat. Weil Kollegen (länger) krank sind oder im Urlaub. Weil »kurzfristig« ein Personalengpass besteht und die Verbliebenen das gleiche – oder sogar höhere – Arbeitsaufkommen mit weniger Leuten stemmen müssen. Falls es sich wirklich nur um eine vorübergehende Erscheinung handelt: Augen zu und durch. Gleichen Sie die Mehrarbeit später wieder aus. Oder lassen Sie sich die Überstunden auszahlen, und machen Sie mit dem Geld etwas Schönes. Urlaub zum Beispiel.

Sollte die Ausnahme allerdings zur Regel werden, dann regen Sie immer wieder in Ihrem Team an, hier gegenzusteuern. Ja, dies ist anstrengend. Und undankbar. Aber wer stillschweigend die Mehrarbeit immer wieder gerade so erledigt, der schafft lebensenergieraubende Normalität.

Wenn Sie allerdings selbst der Auslöser für Ihre Überstunden sind, dann prüfen Sie sich mal kritisch, was Sie mit Ihrem Arbeitseifer und Einsatzwillen erreichen oder beweisen wollen. Selbstverständlich gibt es Arbeitsplätze oder Führungsfunktionen, die nicht in einem Nine-to-five-Fenster zu erledigen sind. Solange Sie an anderer Stelle genügend Raum zur Erholung haben – kein Problem. Nur weil Gewerkschaften die 40-Stunden-Woche (oder weniger) erkämpft haben, heißt das ja nicht, dass Sie nicht mehr arbeiten dürfen.

Blöd ist es nur, wenn Sie Überstunden schieben, um anderen Menschen etwas zu beweisen. Finden Sie also heraus, was Sie immer wieder zur Mehrarbeit treibt: Lob? Ausblick auf Beförderung? Anerkennung durch Vorgesetzte, Kollegen, Eltern? Der neue Geschäftswagen? Das Eckbüro? Schuldendruck, um einen Kredit für das eigene Häuschen abzuzahlen? Sorgen, im Alter nicht genügend finanzielle Polster zu haben?

Nehmen Sie sich mal eine kurze Auszeit, um Ihren *wahren* Beweggründen auf die Spur zu kommen. Und entscheiden Sie dann, ob Sie *wirklich* so viel/zu viel arbeiten wollen. Oder wie Sie Ihr *wahres* Bedürfnis auch *anderweitig* befriedigen könnten. Vielleicht könnten Sie etwa mit der Bank aushandeln, die Laufzeit des Kredites zu verlängern und dafür die Monatsrate zu senken? Lassen Sie sich Ihren tatsächlichen Rentenanspruch von einem Profi ausrechnen – eventuell ist Ihre Angst unbegründet. Oder finden Sie mehr Selbstbestätigung in einem alten oder neuen Hobby!? Machen Sie sich unabhängig vom Lob der anderen – einfach indem Sie sich selbst öfter mal loben. Und schreiben Sie sich Ihre Erfolge ruhig auf.

To-feel-Sammlung

Probieren Sie zusätzlich zur To-do-Sammlung (siehe Seite 51 f.) mal eine To-feel-Sammlung aus. Notieren Sie jeden Tag, wie Sie sich heute fühlen wollen: leicht, gesund, heiter, gelassen ... Fragen Sie sich dann, was Sie tun können, um sich so zu fühlen. Und tun Sie es.

Diese To-feel-Sammlung hilft Ihnen, den Blick für die Erfolge neben den »harten Ergebnissen« zu schärfen. Sie werden ein gutes, motiviertes Gefühl ernten, das Sie durch den Tag trägt. Und das Schöne an dieser Sammlung ist, dass sie abends meist ganz von allein abgearbeitet ist, ohne dass Sie viel dafür tun mussten. Allein der Gedanke an diese positiven Gefühle macht Sie achtsamer dafür, und Sie nehmen sie dadurch ganz bewusst wahr, wenn Sie sie erleben. Wer sich morgens vornimmt, die Kaffeepause am Nachmittag als Entspannungszeit-Insel anzusteuern, wird diese viel intensiver genießen. Abends können Sie dann die schönen Momente mithilfe der Sammlung nochmals Revue passieren lassen.

Kopieren Sie sich unsere Vorlage, und verzieren Sie sie je nach Glamour-Wunsch mit Glitzerpuder. Oder nutzen Sie einfach jeden Tag ein schönes, buntes Post-it. Hauptsache, Sie haben einen kleinen Denkzettel für Ihre Wohlfühl-Momente.

Welche Gefühle will ich heute erleben?

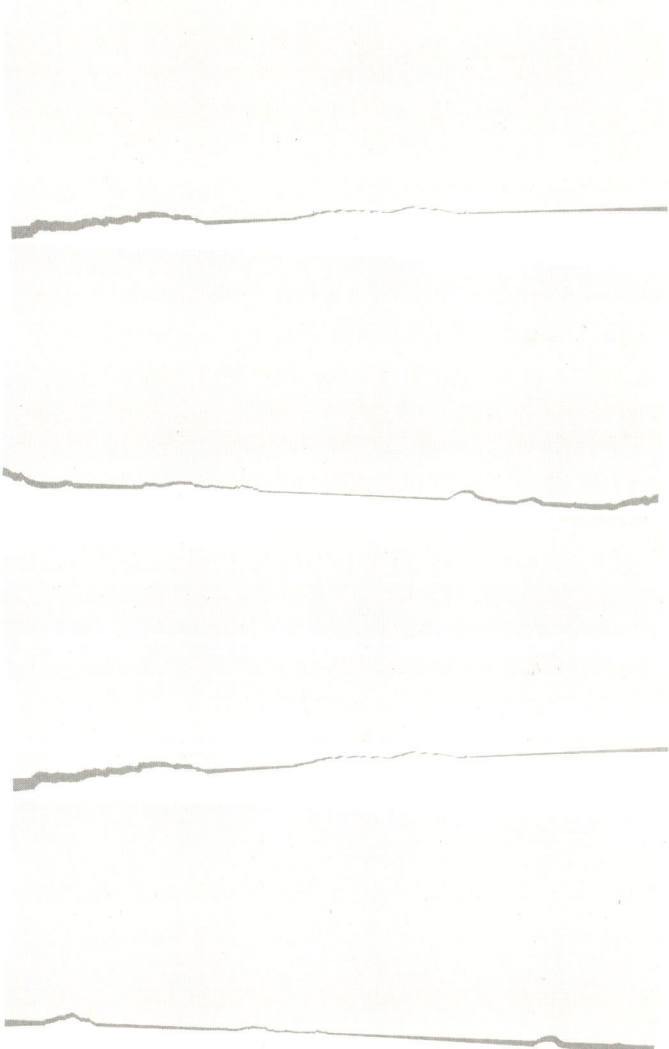

9. Noch 6 Stunden, 32 Minuten und 15 Sekunden bis zum Feierabend

Wenn die Arbeit so langweilig wird, dass der Bore-out droht, müssen Angestellte kreativ werden. Sonst vergeht die Zeit ja gar nicht.

Es gibt Jobs, die schmerzen – auch wenn im Büro weder Steine gerückt noch Mauern hochgezogen noch Bettlägerige herumgewuchtet werden müssen. Es sind Jobs, die so langweilig sind, dass sie wehtun. Kündigen wäre eine Lösung. Aber bis diese Schmerzgrenze erreicht ist, dauert es. Bis dahin entwickelt jeder seine sehr eigenen Strategien, um den viel zu langen Arbeitstag irgendwie herumzubekommen.

Kollegin S. etwa lässt das Leitungswasser erst so lange laufen, bis es eiskalt ist. Dann benötigt der Wasserkocher zweidreiviertel Minuten länger für das Teewasser. Ihr Früchtetee muss sechs Minuten ziehen, mindestens. Wenn S. den Teebeutel im gläsernen Pott bewegt, bilden sich bunte Schlieren, wie bei einer Lavalampe. Das ist ähnlich hypnotisch, also leiste ich Kollegin S. Gesellschaft. Währenddessen ordnet Kollege G. die Besteckschublade neu, das war schon lange überfällig. Er hat seit zwei Tagen nicht mehr Löffel und Kuchengabeln auseinandersortiert, die sich ein Fach teilen müssen. Nun zeigen wieder die Löffelchen nach links, die Gabelzinken nach rechts. »Dass sich das keiner merken kann«, seufzte G.

Dankbar nutzen wir die Gelegenheit, um über Kollegen, den Chef und die Bürowelt in all ihren Facetten zu lamentieren. Dann kochen wir noch mal eiskaltes Wasser auf, da die Teeblätter eindeutig zu lange Zeit zum Ziehen gehabt haben, das Gebräu war bestimmt ungenießbar. Noch 3 Stunden, 12 Minuten und 28 Sekunden bis zur Mittagspause.

In unserem Zimmer war Kollegin Z. währenddessen schon fleißig. Sie hat mit Post-it-Zetteln an die raumhohen Fensterscheiben »CARPE DIEM« geklebt – allerdings so, dass die nicht beklebten Flächen die Buchstaben bildeten, sonst wäre es doch zu schnell gegangen. Kollegin Z. lässt gern ihre höhere Schulbildung heraushängen, was von uns ebenso gern ignoriert wird. Kollege W. ist bereits in seiner üblichen Rundrückenhaltung vor dem PC-Bildschirm zusammengesackt. Auf der Weihnachtsfeier hatte er mir spätnachts erklärt, dass ihn die Last der unerträglichen Langeweile niederdrücke und in diese bandscheibenzerstörende Krümmung zwinge. Erst auf dem Nachhauseweg richte er sich langsam wieder auf, wenn auch nicht zur vollen Größe.

Gerade erprobt Kollege W., wie langsam man doppelklicken kann, damit sich die Datei dennoch öffnet. Hinter ihm sitzt unser neuer, aber schon verzweifelter Praktikant, der sich das Arbeitsleben anders vorgestellt hat. Um nicht wie W. bald unter Rückenschmerzen zu leiden, verbringe ich die nächste Viertelstunde damit, weiter nach der idealen Einstellung für meinen Bürostuhl zu forschen. Vielleicht doch die rechte Armlehne einen Zentimeter höher, um die Mouse-Hand zu entlasten? Oder genau umgekehrt? Noch 2 Stunden, 51 Minuten und 3 Sekunden bis zur Mittagspause. Ich beschließe, abermals ins Postfach zu schauen, ob nicht doch eine Mail gekommen ist. Vielleicht streikte das Benachrichtigungsfenster, und ich habe in der vergangenen Minute eine wichtige Nachricht erhalten? Womöglich gab jemand einen Geburtstagskuchen aus? Doch: nichts, nicht einmal die »naturgeilen Studentinnen« haben sich wieder gemeldet. Dabei hatte ich mir neulich so viel Mühe mit meiner Antwort-Mail gegeben.

»Auf die Plätze ... fertig ... LOS!« Kollege R. und Kollegin U. liefern sich ihr erstes Rennen des Tages: Wer von ihnen schneller den Drucker erreicht, ohne einen Fuß vom rollenden Schreibtischstuhl zu nehmen und anzuschieben, hat gewonnen. Ihre Körper rucken und zucken, es sieht aus, als stünden sie unter Strom. Eindreiviertel Minuten später hat Kollegin U. das Ziel erreicht, ihre Oberkörperdrehnachvornewerf-Technik hat sie beinahe perfektioniert. »Revanche!«, rief Kollege R., der momentan an einer etwas verrucht aussehenden Unterleibschubs-Methode feilt. Noch 2 Stunden, 42 Minuten und 36 Sekunden bis zur Mittagspause. Ich zähle, wie oft ich in der trockenen Büroluft die Lider in einer Minute schließen muss, um meine Augen optimal zu befeuchten. Darüber muss ich eingeschlafen sein.

Jemand rüttelt an meiner Schulter. »Ist schon Abend?«, frage ich mit dem Optimismus der gerade Erwachten. »Nein, die Mittagspause ist vorbei«, sagt Kollegin S. und legt ein in Plastikfolie gewickeltes Sandwich vor mich, »du hast so tief geschlafen, da wollten wir dich nicht wecken.« Ob ich mitkomme, Teewasser kochen? Natürlich. Die Länge der Frischhaltefolie kann ich auch später ausmessen. Schließlich sind es noch 3 Stunden, 49 Minuten und 26 Sekunden bis zum Feierabend.

Tipps: Der Langeweile entgehen

Seit einigen Jahren kennen wir den »Burn-out« – die komplette Erschöpfung, weil wir permanent über unsere Kräfte gehen. Weil wir zu viel Stress haben (oder uns machen), weil unsere Taktung zu hoch ist und die Aufgabenberge nicht zu bewältigen scheinen. Doch im Schatten des Burn-outs wächst der kleine Bruder, der »Bore-out«.

Menschen, die am Bore-out-Syndrom leiden, langweilen sich zu Tode. Sie sind komplett unterfordert. Haben entweder zu wenig zu tun. Oder Aufgaben, die ihrem Können und ihren Kompetenzen einfach nicht angemessen sind. Immerhin elf Prozent der Erwerbstätigen fühlen sich beruflich unterfordert. Das ergab eine Umfrage der Deutschen Universität für Weiterbildung in Berlin. Ihnen mangelt es an anspruchsvollen Aufgaben (53 Prozent), an Verantwortung (48 Prozent) und an Abwechslung (37 Prozent).[10] Und das ist fatal: Denn wer gibt schon gern zu, zu wenig zu tun zu haben? Während ein Burn-out ja salonfähig geworden ist und die Betroffenen oftmals sogar ein wenig Stolz an den Tag legen, dass sie so leistungsbereit waren, gilt Langeweile im Job in unserer Leistungsgesellschaft als No-Go.

Interessanterweise haben Burn-out und Bore-out die gleichen Symptome. Die Betroffenen werden depressiv, fühlen sich gestresst, reduzieren ihre sozialen Kontakte. Unterschiedliche Ursache – gleiche Wirkung.

Überprüfen Sie mal, wie zufrieden und wie gefordert Sie in Ihrem beruflichen und auch in Ihrem privaten Alltag sind. Idealerweise sind wir immer in Balance zwischen Anforderungen und Können, so bewegen wir uns im »Flow-Bereich«. Das hält uns im positiven Tun und bringt Freude.

❯ Können Sie Aufgaben erledigen, die Sie fordern?

❯ Stimmt die Taktung, wie schnell Termine oder Aufgaben kommen, mit Ihrer persönlichen Taktung überein?

❯ Können Sie zu wenige Herausforderungen im Beruf kompensieren mit mehr Herausforderungen im privaten Alltag? Oder umgekehrt?

Sollten Sie sich über einen längeren Zeitraum unterfordert fühlen, dann ziehen Sie die Notbremse. Und zwar, bevor Sie krank werden.

❯ Ist es absehbar, dass sich aus Ihrem Jobprofil in nächster Zeit keine neuen spannenden Aufgaben ergeben, dann freunden Sie sich im Sinne Ihrer Gesundheit mit einem Jobwechsel an. Versuchen Sie nicht, das Dilemma auszusitzen – es wird von allein nicht besser.

❯ Bewerben Sie sich aus Ihrer derzeitigen sicheren Position auf neue Herausforderungen – und entscheiden Sie dann über einen endgültigen Wechsel, wenn es so weit ist. Eröffnen Sie sich Optionen!

❯ Angst vor der Veränderung? Fragen Sie sich, welche Aktivitäten Sie in Ihrem derzeitigen Setting herausfordern würden. Was könnte wieder mehr Würze in Ihren Alltag bringen?

❯ Bemühen Sie sich intern um zusätzliche Projekte. Scheuen Sie sich nicht zu sagen, dass Sie Kapazitäten frei haben –

oftmals wissen Vorgesetzte gar nicht, dass ihre Leute nicht optimal ausgelastet sind (ja, das gibt es!).

❯ Netzwerken Sie, um auf interessante Tätigkeiten aufmerksam gemacht zu werden. Oder regen Sie selbst neue Projekte an.

❯ Nutzen Sie die flaue Zeit, um sich selbst etwas Gutes zu tun: Gehen Sie auf Weiterbildungen oder machen Sie Online-Kurse, falls Ihnen Fehltage für Seminare nicht bewilligt werden.

❯ Kompensieren Sie flaue Zeit im Job mit größeren Herausforderungen im privaten Alltag. Und umgekehrt. Die Mischung macht's!

❯ Suchen Sie sich Mitstreiter, die ebenfalls mehr Power ins tägliche Dasein bringen wollen (statt gemeinsam mit den Kollegen über die Unterbeschäftigung zu jammern).

❯ Richten Sie Ihren Blick in den kommenden Tagen verstärkt auf die Aspekte Ihres Tuns, die vielleicht doch ganz spannend und herausfordernd sind. Manchmal müssen wir nur unsere Wahrnehmung wieder ein bisschen schärfen, um das Gute zu sehen.

 **Sofort-Hilfe**

Rückblick mit einer Hand

Bringen Sie zusätzliche Freude und Motivation in Ihren Alltag, indem Sie nicht nur darauf blicken, welche Resultate Sie erzielt haben. Sondern was Ihnen noch so alles Gutes widerfahren und gelungen ist.

Ein Blick auf das Positive hilft, von Grund auf motivierter in unserem Leben zu sein. Mit der Fünf-Finger-Methode können Sie einen Blick auf Ihr Leben werfen – beispielsweise im Rahmen eines »Jahres-/Monatsrückblicks« oder eines »Tagesrückblicks« abends im Bett oder bevor Sie aus dem Büro nach Hause gehen.

Legen Sie Ihre Hand auf Seite 92.

Ziehen Sie mit einem Stift die Konturen der Hand nach.

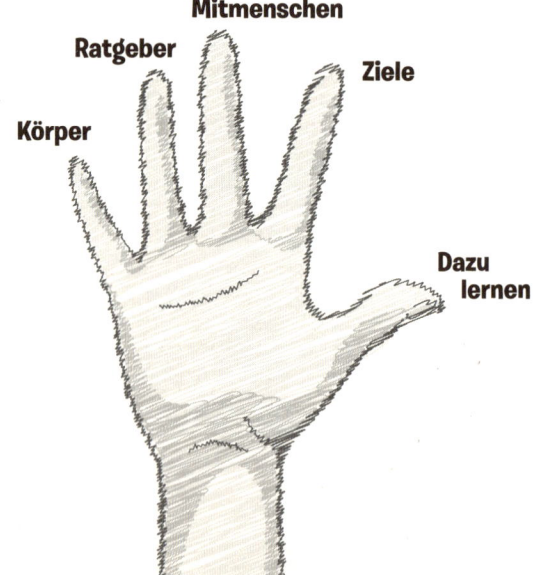

Nutzen Sie Ihre Vorlage, um jetzt regelmäßig zu sinnieren:

❯ Betrachten Sie Ihren Daumen – dieser steht für **Dazulernen**: Was habe ich heute gelernt? Welche Fehler habe ich gemacht, die mir so schnell nicht wieder passieren? Was war mein schönstes Erlebnis? Der schönste Moment?

❯ Ihr Zeigefinger steht für Ihre **Ziele**: Welche Ziele, welche Wünsche hatte ich? Welche habe ich angepackt? Von welchen habe ich mich verabschiedet? Welche Aktivitäten haben mich ein Stück weitergebracht? Welche Wünsche sind noch offen? Wie kann ich hier vorankommen?

❯ Ihr Mittelfinger steht für **Mitmenschen**: Welche Erlebnisse hatte ich mit meinen Mitmenschen? Welche neuen Leute habe ich kennengelernt? Von welchen habe ich mich verabschiedet? Mit wem hatte ich besonders glückliche Stunden? Wer hat mir eine harte Nuss zum Knacken gegeben – und was lerne ich daraus?

❯ Ihr Ringfinger steht für **Ratgeber**: Durch welchen Rat konnte ich anderen weiterhelfen? Wer war mir ein guter Ratgeber? Was war der beste Tipp, den ich bekommen habe?

❯ Der kleine Finger steht für **Körper**: Was habe ich für meinen Körper, für meine Gesundheit getan? Was hat mir gutgetan? Wo habe ich Energie getankt, mich erholt? Was hat mir nicht so gutgetan, und wie kann ich dies künftig verhindern?

Platz für meine Hand:

10. Lieber lebenslang Protokolle schreiben als Praktikanten betreuen

Praktikanten könnten einem wie hilfreiche Geister die Arbeit erleichtern, wenn sie sich endlich mal was merken würden. Das hält sie nicht davon ab, alles besser zu wissen.

Es gibt drei Praktikanten-Typen, wobei einer leider so selten ist wie ein Chef, der freiwillig eine Gehaltserhöhung gibt. Dieser rare Typ, der Diamant am Sandstrand, könnte gleich nach dem Praktikum die Firma übernehmen und sie in eine rosige Zukunft führen. Er ist eloquent, intelligent und trotzdem nicht zu abstinent (er gibt der Abteilung auch mal ein Sektchen aus, das hat der alte Chef noch nie gemacht).

Der leider weitaus häufigere Typ Praktikant hält sich auch für einen Diamanten, ist aber nur Glas. Ungeschliffen. Er ist geschwätzig, ein Besserwisser und trinkt gern einen oder drei mit, wenn es was umsonst gibt. Er findet nicht nur, dass die Welt auf ihn gewartet hat, sondern dass sie ihm auch zu Füßen liegen sollte. Die Welt sieht das anders.

Nicht zu vergessen der dritte Praktikanten-Typ, der leicht zu übersehen ist. Ihn Mauerblümchen zu nennen wäre übertrieben, besitzt er doch die Gabe, vor jedem Hintergrund zu verschwinden statt aufzublühen. Er spricht stets im Flüsterton, eingeleitet von gehauchten Entschuldigungen.

Kollege B. weigert sich, diese Geister-Praktikanten zu betreuen, seitdem ihn einer mal fast ins Grab gebracht hat. B.s Herz setzte aus, als er am Abend seinen Computer ausschaltete, sich umdrehte und in die wässerigen Welpenaugen seines Praktikanten blickte. Der hatte seit 15.52 Uhr überlegt, wie er ihn am besten ansprechen könnte, ohne ihn allzu sehr zu stören. Zum Glück war auch noch die Diamant-Praktikantin anwesend, dieser Schatz, die früher Schulsanitäterin war und Kollege B. per Herzmassage ins Büroleben zurückholte.

Nun hat B. immer einen, wenn er Pech hat, sogar zwei Besserwisser-Praktikanten im Schlepptau. Der Vorteil: Er wird seine nahe Rente noch erleben. Der Nachteil: Die Besserwisser sind der unverhohlenen Meinung, dass B. schon lange zum alten Eisen gehört. Ihm einen Kaffee holen? Wenn er den Weg in die Küche nicht mehr schafft, soll er besser gleich zu Hause bleiben. Oder ihm den Bericht kopieren? Wahrscheinlich kommt der alte Knacker nicht mit dem Multifunktionsdrucker klar, har, har!

Kein Wunder, dass B. und der Rest der Abteilung neidisch auf den Kollegen R. blicken, wenn dieser von seinen Praktikanten in einer Sänfte vorbeigetragen wird. Der Unterwürfigste unter ihnen fächert R. mit einem Palmwedel Luft zu (»Alle zwei Tage frisch geschnitten, aus dem Botanischen Garten, darauf lege ich Wert«, sagt R.), ein weiterer notiert jedes seiner weisen Worte, auf dass er nicht später mit nervigen Nachfragen belästigt werde.

Unsere Praktikanten hingegen, alle Besserwisser oder Unscheinbare, haben keinerlei Hemmungen, fünfmal das Gleiche zu fragen, gern an einem Tag. Nach ihrem Passwort, nach dem

Zeitpunkt der täglichen Konferenz, nach ihrer Telefondurchwahl, nach der Schreibweise des Firmennamens und nach der Nummer des Busses, der sie nach Feierabend wieder ins Zentrum ihrer ebenso unbedarften Peer Group zurückbringt. »Praktikanten seien was Schönes, sagte der Chef. Sie würden uns Arbeit abnehmen, sagte der Chef«, wettert Kollegin S. und träumt davon, einmal wie Kollege R. von schweigsamen Job-Aspiranten auf Händen getragen zu werden. Nur ein Kompliment dürften die Praktikanten ab und an fallen lassen. Stattdessen: »Frau S., hier ist schon wieder Papierstau im Drucker!« »Hast du dieses Mal die Büroklammer vor dem Kopieren herausgenommen?« »Ääääh . . .«

Als R.s Sänftenträger nach Luft ringend in einer Ecke kauern, weil sie ihn gerade in den 15. Stock gewuchtet haben (die Sänfte ist zu groß für den Aufzug), fasst sich Kollegin S. ein Herz. Wie er das anstelle, dass ihm seine Praktikanten so handzahm und devot alle Wünsche von den Lippen abläsen?

Kollege R. blickt sich nach allen Seiten um, dann wispert er S. breit grinsend etwas ins Ohr.

Eine Woche später liefern sich die Sänftenträger von R. und S. ein Wettrennen auf der Treppe und entfachen beim Palmenwedeln einen Mini-Tornado, der die Papierstapel auf den Schreibtischen durcheinanderwirbelt. Als es zur Praktikanten-Schlägerei kommt, weil nur ein Platz an der Stirnseite des Konferenztisches frei ist und beide Teams behaupten, zuerst da gewesen zu sein, erhebt sich der Chef: Kollegin S. und Kollege R. in sein Büro. Sofort! Nein, auf eigenen Füßen!

Das Chefbüro ist gleich nebenan und die Wand nicht dick genug, als dass der alte Abhörtrick mit dem Wasserglas nicht funktionieren würde. Die Kollegen, die sich schnell genug ein Glas geschnappt haben, lauschen den Satzfetzen ». . . ist mir zu

Ohren gekommen …«, »… wurde behauptet, er – oder sie – sei der nächste Chef …«, » … könne dann über die Festanstellung von Praktikanten …«, »… ein unerhörter Vorgang!«

Die Praktikanten schauen derweil rat- und hilflos. Nur der Diamant-Praktikant nicht, der lächelt zufrieden. Er weiß, wer in dieser Firma tatsächlich bald die Personalentscheidungen treffen wird. Und wer dann die Sänfte übernehmen darf.

 ## Tipps für den Umgang mit Kollegen auf Zeit

»Kollegen auf Zeit«, wie Praktikanten, Trainees oder Ferienjobber, sind in den meisten Unternehmen längst nicht mehr lediglich »Besucher«. Umfangreiche Regelungen zu Arbeitsschutz, Compliance, Datenschutz, Lohnfortzahlung oder Versicherungen gelten auch für die meist jungen und büro-unerfahrenen Mitarbeiter. Aus diesem Grunde wünschen sich viele Unternehmen nicht nur, dass die Jungen bei ihnen im Haus was lernen. Nein, besonders die vom »Besuch« betroffenen Mitarbeiter wollen in ihrem Alltag nicht nur Auskunftsbüro sein, sondern auch echte Unterstützung erfahren. Mit Recht.

Klären Sie in Ihrem Team deshalb idealerweise folgende Punkte *generell und bevor ein Zeit-Kollege auftaucht:*

❱ Wie stark dürfen und sollen die Gäste in die normalen Arbeitsabläufe eingebunden werden?

❱ Wie viel Verantwortung dürfen sie übernehmen?

➤ Inwieweit werden die Stamm-Kollegen, die sich intensiv um die jungen Leute kümmern, von anderen Aufgaben entbunden?

➤ Welche Regeln bzw. welches Verhalten ist Ihnen im Umgang untereinander wichtig?

➤ Wie wollen Sie prinzipiell Gäste handhaben, die sich nur bemuttern lassen und keine Initiative zeigen?

➤ Wie wollen Sie mit denjenigen umgehen, die gleich den ganzen Laden umkrempeln wollen?

➤ Wer von Ihnen soll der Hauptansprechpartner sein? Oder sind alle gleichberechtigt?

Solche Überlegungen im Vorfeld anzustellen hilft, einen Gast-Einsatz für alle Beteiligten erfolgreich zu gestalten.

Tritt der neue Mitarbeiter seinen Job an, denken Sie an folgende Punkte:

➤ Stellen Sie Ihre »Team-Regeln« in einem ersten Begrüßungsgespräch vor. Wenn Ihre neuen Kollegen wissen, was Ihnen wichtig ist, was Sie sich als Team wünschen und was nicht, dann sind von vornherein die Spielregeln klar, und die Wahrscheinlichkeit einer erfolgreichen gemeinsamen Zeit steigt.

➤ Investieren Sie am Anfang ruhig etwas mehr, um Abläufe oder Prozesse zu erklären. Für Standard-Prozeduren oder wenn Sie öfters Zeit-Kollegen haben, lohnt sich die Erstellung von Checklisten oder Übersichten. Das hilft, dass die Neuen weniger Verständnisfragen stellen müssen – und reißt Sie mittelfristig seltener aus der Arbeit.

❱ Sagen Sie dem Praktikanten, wen er bei Rückfragen ansprechen kann. Wer im Team ist hauptsächlich für ihn da? Nur eine Person? Alle aus dem Team? Auch hier kann ein kleiner Merkzettel mit den jeweiligen Namen und Telefonnummern langfristig Zeit sparen helfen.

❱ Erläutern Sie, wie hoch der Stresspegel gerade in Ihrem Team ist, und sagen Sie deutlich, dass Sie (oder der Kollege/die Kollegen) nicht jederzeit ansprechbar sind. Sondern nur zu folgenden Zeitpunkten.

❱ Ermuntern Sie aber eher stille Zeitgenossen, jederzeit Fragen stellen zu dürfen. Und bremsen Sie zu unruhige Geister ruhig ein wenig ein. Passen Sie Ihre Team-Regeln an die Persönlichkeit des Gast-Kollegen an.

❱ Zeigen Sie deutlich, dass Ihr Team sich aktive Mitarbeit wünscht und machen Sie klar, dass Fehler in Ordnung sind (Nachlässigkeit aber nicht). Die jungen Leute sind ja zum Lernen da.

❱ Klären Sie einzelne Probleme und Unklarheiten am besten immer gleich direkt. Das steigert die Effektivität der Zusammenarbeit.

❱ Je nach Eignung des Gastes geben Sie ruhig mehr und mehr Verantwortung ab. Fördern Sie die jungen Leute – aber überfordern Sie sie nicht. Manche Menschen wollen keine Verantwortung für eigenständiges Arbeiten übernehmen. In der Regel wird das so bleiben im Lauf ihrer Berufstätigkeit. Für Sie ist das ein gutes Indiz, ob Sie so einen Gast später wirklich mal fest ins Team übernehmen wollen.

❯ Binden Sie Ihre jungen Kollegen ins soziale Geschehen Ihres Teams ein. Laden Sie sie etwa ein, am gemeinsamen Mittagessen teilzunehmen.

❯ Nutzen Sie Ihre Rolle als erfahrener Berufstätiger, um nicht nur Fachwissen aus Ihrem Bereich zu vermitteln, sondern auch Einblicke in die Do's und Dont's im Team zu geben.

❯ Scheuen Sie sich nicht, klare Position zum Verhalten des Praktikanten zu beziehen. Loben Sie, was Sie gut finden. Aber kritisieren Sie auch auf eine konstruktive Weise Aktivitäten, die Ihnen gegen den Strich gehen.

Wie Praktikanten sein sollen

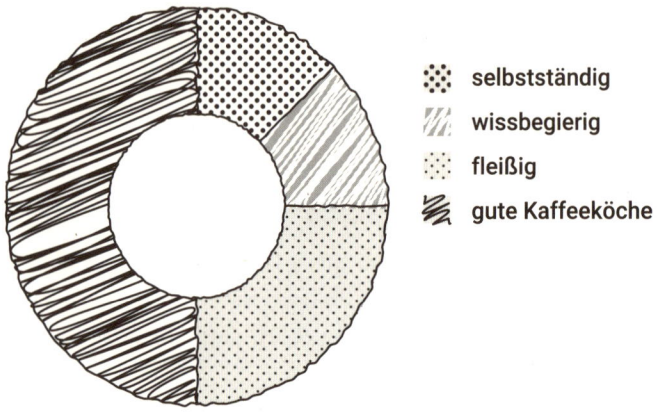

- ⠿ selbstständig
- ▨ wissbegierig
- ⠂ fleißig
- ▤ gute Kaffeeköche

Wie Praktikanten wirklich sind

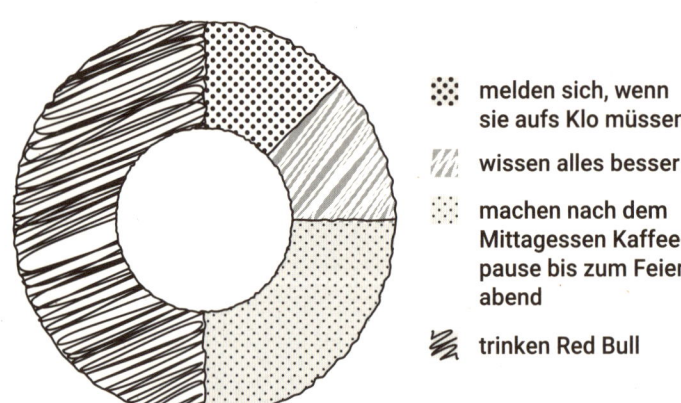

- ⠿ melden sich, wenn sie aufs Klo müssen
- ▨ wissen alles besser
- ⠂ machen nach dem Mittagessen Kaffeepause bis zum Feierabend
- ▤ trinken Red Bull

11. Alle so gestresst hier!

Wer nicht im Stress ist, hat offenbar nicht genug zu tun – oder? Warum manche das »Ich-kann-nicht-auch-das-noch-übernehmen«-Schild für das wichtigste Accessoire im Büro halten.

Ich glaube, mit mir stimmt etwas nicht. Kam ich etwa mit einem Stapel Zusatzaufgaben, der unter allen aufzuteilen war, ins Zimmer von Kollegin K., fand ich sie hyperventilierend vor dem Bildschirm vor: »Ich – weiß – gar – nicht – wie – ich – das – hier – bis – morgen – schaffen – soll«, schnappatmete sie. Für die Zusatzaufgaben habe sie da gar keine Lust, äh, Luft meine sie natürlich. Die könne sie unmöglich noch dazwischenschieben, keuchte sie, als wäre sie den Zwölf-Meter-Büroflur fünfhundertmal auf und ab gerannt. Die Arme konnte einem leidtun.

Im nächsten Zimmer hatte ich genauso wenig Glück: Kollegin G. tippelte neben ihrem Schreibtisch hin und her, ihr Radius nur begrenzt von der Telefonschnur, und wedelte aufgeregt mit der freien Hand. »Natürlich würde ich liebend gern das neue Projekt anschieben, nur ist da noch die Vierteljahresbilanz, die erst mal … ja, die ist priorisiert … ich kann dann ja später mit einsteigen …« Kollegin G. brauchte ich offenbar mit den Zusatzaufgaben gar nicht erst zu kommen. Hektisch flatterten ihre Augenlider, wie immer wirkte sie wie kurz vor dem Überlastungs-Kurzschluss.

Fast hätte ich Kollege C. übersehen. Er lugte mit schwarzumrandeten Augen hinter einem Sichtschutz aus Aktenordnern hervor. Kollege C. konnte mir sicher einige Aufgaben abnehmen. Ich holte Luft, doch C. schüttelte bereits übertrieben pantomimisch den Kopf, fuhr mit dem Finger den Aktenordnerturm auf und ab und tippte auf eine imaginäre Uhr am Handgelenk.

Langsam kam mir die Sache komisch vor. Wieso waren alle so gestresst, nur ich nicht? War ich bei der Chefin in Ungnade gefallen? War sie unzufrieden mit meiner Arbeit und gab die wesentlichen Aufgaben lieber anderen, für mich fielen nur die lästigen Zusatzarbeiten an? Was machte ich nur falsch?

Ich kam aus dem Grübeln nicht heraus, während ich begann, die Mehrarbeit allein zu erledigen. Beim nächsten Meeting würde ich schon dafür sorgen, dass die Aufträge nicht an mir vorbeigingen, egal welche!

Wer das Protokoll übernehmen und gleich danach an alle schicken könne, fragte die Chefin zu Beginn der Konferenz. Ich hatte mir eigentlich wichtigere Jobs ausgemalt. Aber Kollege C. hatte zur Sicherheit ein paar Aktenordner mit zum Meeting genommen, Kollegin G. murmelte halblaut: »Ich würde ja gern, aber ihr wisst ja ...«, und Kollegin K. war blass geworden und fächelte sich mit der Hand aufgeregt Luft zu. Die Armen. »Also, ich könnte ...«, sagte ich. »Prima«, sagte die Chefin. Außerdem seien im Anschluss die Oberbosse zu Gast, wer Zeit habe für eine kleine Abteilungsführung?

Kollege C. ließ die Aktenordner unter den Tisch fallen, Kollegin G. tönte: »Mach ich gern, kein Problem«, und Kollegin K. rief, um G. zu übertrumpfen: »Da kann ich ihnen gleich unsere neuen Projektideen vorstellen, zwei Fliegen mit einer Klappe, was!« Ich überlegte still, ob das auch ins Protokoll musste.

Nach der Konferenz turtelte die Chefin mit den Kollegen G., K. und C. um die Oberbosse herum, und sie schienen alle Zeit der Welt zu haben. Es wurde sogar gelacht. Ich freute mich für sie, aber nur kurz – endlich hatten die Armen mal eine Verschnaufpause. Dann schrieb ich am Sitzungsprotokoll weiter, auch die Zusatzaufgaben mussten heute noch erledigt werden, ebenso wie mein eigentlicher Tagesplan: Konzepte schreiben, Termine absprechen, Texte prüfen und korrigieren … Wie sollte ich das nur an einem Tag schaffen, fragte ich mich und massierte meine Schläfen.

Da öffnete sich die Tür. Kollege W. fragte, ob ich wie üblich den neuen Praktikanten einweisen könne. Diesen hatte er gleich im Schlepptau, und der junge Kerl sah nicht so aus, als ob man ihm alles nur einmal erklären müsste. Ich wollte mir schon eine Ausrede überlegen, da fiel mir ein, dass ich keine brauchte. »Würde ich liebend gern – hallo übrigens –, aber ich stehe heute echt unter Druck. Da geht gar nichts. Leider.« Ich wusste gar nicht, dass Stress so befreiend sein kann.

Tipp: Lösen Sie sich davon, wovon »man« gestresst ist

Ja, es stimmt. Der Stresspegel ist in den letzten Jahren in unserer Gesellschaft messbar gestiegen. Mehr Arbeit, die sich in vielen Unternehmen auf weniger Schultern verteilt. Projekte mit engen Deadlines, permanente Änderungen von Prioritäten in agilen, dynamischen Arbeitswelten sowie die ständige Erreichbarkeit via Smartphones setzen die Berufstätigen heute definitiv einem höheren Druck aus, als ihn unsere Großeltern erlebten. Doch auf der anderen Seite machen uns zahlreiche technische Helferlein den Alltag auch so angenehm wie nie. Laut Statistik sinkt beispielsweise der zeitliche Aufwand für private Pflichten immer mehr. Doch statt diese »gewonnene« Zeit entspannt zu genießen, pflastern wir auch unser Privatleben mit Verpflichtungen zu.

Und während die einen tatsächlich einen immensen Druck haben, entdecken andere, dass es sich unter dem Mäntelchen »Stress« ganz bequem leben lässt – weil wir eine elegante Ausrede haben, weitere Aufgaben abzublocken.

Lösen Sie sich bitte von dem, was gesellschaftlich passiert. Und springen Sie nicht auf den Zug der Ach-so-Gestressten auf, um »dazuzugehören«.

Freuen Sie sich über ruhige Zeiten, und bremsen Sie unter Umständen auch Ihre FOMO (Fear of missing out – die Angst etwas zu verpassen)[11] aus. Finden Sie heraus, was SIE tatsächlich unter Druck bringt. Und ergreifen Sie dann Ihre ganz persönlichen Strategien für ein zufriedenes Leben.

Dabei helfen Ihnen die folgenden Fragen.

Spot auf meinen Alltag

Sie fühlen sich gerade gestresst und unter Druck? Kommen Sie Ihren negativen Stressfaktoren auf die Spur und richten Sie den Spot auf Ihr tägliches Tun. Notieren Sie zu den folgenden Fragen spontan Ihre Gedanken.

1. **Welche Aufgaben kosten mich momentan gefühlt viel zu viel Zeit?**

2. **Welche Menschen rauben mir gerade meine Energie?**

3. **Was erzeugt in mir ein Gefühl von Ärger, Ohnmacht oder Frust?**

4. **Was kann ich tun, um zumindest einen dieser drei Stressoren in meinem Alltag momentan ein bisschen zu dimmen?**

5. **Bis wann werde ich das tun?**

Bitte machen Sie innerhalb der kommenden 72 Stunden einen ersten kleinen Schritt zu Ihren Ideen aus Frage Nummer 4. Und wenn das läuft, dann packen Sie den nächsten Schritt an, um zu entzerren.

12. Gefangen im Netz der Bürowelt

Für unsere Arbeit brauchen wir eher mehr als weniger Geräte – und ein Gewirr an Kabeln. Dieses heimtückische Schlangennest aus Strom- und Datenleitungen hat sich gegen uns verschworen.

Ich schreibe diese Zeilen mit der Nase. Falls Sie dies also lesen, wären Sie so gut und würden den Hausmeister verständigen? Ich warte im 15. Stock im Eckbüro unter dem Tisch. Dem mit dem umgestürzten Monitor. Wieso ich nicht einfach aufstehe, fragen Sie? Nun, ich würde, wenn ich könnte.

Die Kabel, die den Laptop mit dem zweiten Bildschirm, mit der alten Tastatur, der Mouse und dem Telefon vernetzen, sind für Büroarbeit leider völlig ungeeignet. Entweder sie sind viel zu kurz, sodass ich die Mouse nur ruckartig in kleinsten Kreisen bewegen kann. Oder sie sind lang, sehr lang. Und offenbar langweilen sie sich bei ihrem verbindlichen Dasein unter dem Tisch. Daher haben es sich meine Kabel zum Sport gemacht, sich auch mit uns Menschen zu vernetzen. Eine lästige, ja schmerzhafte Angelegenheit.

Erst vergangene Woche traf es Kollege W., als er auf dem Weg vom Drucker gefährlich nah an meinem Schreibtisch vorbeieilte. Am Morgen hatte sich die Telefonschnur unter dem Jubel der übrigen Kabel vom Staubsauger der Putzkolonne unter dem

Tisch hervorziehen lassen und sich als Schlinge auf die Lauer gelegt. Kollege W. hätte sich wahrscheinlich mehr als nur die Handgelenke geprellt, wäre der Aufprall nicht von einem Stapel Papierausdrucke gedämpft worden. Während W. lautstark mich und meinen lebensgefährlichen Saustall von Schreibtisch verwünschte, zerrte ich leise fluchend die Telefonschnur zurück und verknotete sie sicherheitshalber mit dem Laptop-Kabel. Dieses rutschte beleidigt aus seiner Buchse, was ich erst merkte, als ich das ver#*!%te Mistding wegen der Fehlermeldung zweimal runter- und wieder hochgefahren hatte.

Seitdem unser Büro zusätzlich Notebooks bietet, kann ich mich wenigstens nicht mehr über zu wenig Bewegung im Alltag beschweren: Mein Büro-Dreikampf besteht aus Bücken, Kriechen, Stöpseln. Denn immer ist das Kabel, das ich gerade brauche, unter der Tischplatte abgetaucht und versteckt sich hinter einer Vielzahl von Andock-Möglichkeiten. Kollegin A. ist das zu blöd. Sie hat ihren Laptop einmal vom Haustechnik-Zauberer verkabeln lassen und bewegt ihn seitdem nicht mehr von der Stelle – auch wenn sie in Konferenzen und Tagungen die Einzige ohne Computer ist. »Wozu habe ich ein Smartphone?«, fragt sie selbstbewusst und übersieht auf dem kleinen Monitor mal wieder die Hälfte der Informationen. Zum Beispiel, dass sie ihren Beitrag zum Projekt bis zum Abend hätte mailen sollen.

Ich wollte ihr eine angesäuerte Erinnerungs-Mail schicken. Doch ich machte den Fehler, mich nach einem langen Arbeitstag mit viel Bücken, Kriechen, Stöpseln noch einmal lang auszustrecken. Die Kabel erkannten die Gelegenheit. Und nutzten sie.

Unter enthusiastischem Britzeln legten sie sich um meine Fußknöchel. Erschrocken fuhr ich zurück. Mit lautem Krachen begrub der Desktop-Monitor meinen Laptop unter sich, kaum leiser rutschte ich vom Stuhl unter den Tisch. Panisch zerrte ich an den Kabelschlingen um meine Knöchel und büßte dabei die Bewegungsfreiheit meiner linken Hand ein. Als ich sie mit der rechten befreien wollte, warf sich das extra dicke Stromkabel nach vorne und verstrickte mich unentrinnbar.

Es dauerte zwei Stunden, bis ich mit rhythmischen Kopfstößen gegen die Tischplatte die Tastatur herabstürzen lassen konnte, weitere drei Minuten, bis ich sie mit den Zähnen zu mir herangezogen hatte.

Wenn Sie also nun so gut wären, dem Hausmeister zu verraten, wo ich bin?

 ## Tipp: Lifehack-Playmobil-Männchen

Eine der häufigsten Klagen von berufstätigen Menschen ist, dass wir zu wenig Zeit für Sport hätten. Freuen Sie sich also über die »geschenkten« Bewegungseinheiten und das Gratis-Rückentraining beim Bücken.

Es nervt aber doch gewaltig?

Dann behelfen Sie sich mit einem kleinen Lifehack – einem witzigen Kniff, der Ihnen das Leben leichter macht.

Durchsuchen Sie die Spielzeugkiste Ihrer Kinder nach einem Playmobil-Männchen, das Ihre Kleinen entbehren können. Kleben Sie das Männchen mit doppelseitigem Klebeband an Ihren Schreibtisch und drücken Sie ihm das Kabel in die Hand.

Stecken Sie nun Ihr Gerät aus, bleibt das Kabel fixiert in der Hand des Männchens oben auf dem Tisch.

Sie meinen, dazu gäbe es doch auch offizielle Kabelhalter? Ja klar, diese können Sie natürlich auch besorgen. Aber die Figuren sind einfach witziger, oder?

✚ Sofort-Hilfe

Kreativitätstraining

Lassen Sie sich auch für andere Alltagsprobleme Lifehacks und witzige Lösungen einfallen. Trainieren Sie dazu Ihre Kreativität mit folgender Übung:

Gestalten Sie aus Materialien, die sich in, auf, unter Ihrem Schreibtisch befinden, ein Gesicht. Nutzen Sie dazu beispielsweise Staubflusen, Flocken, die beim Stiftespitzen abfallen, etc.

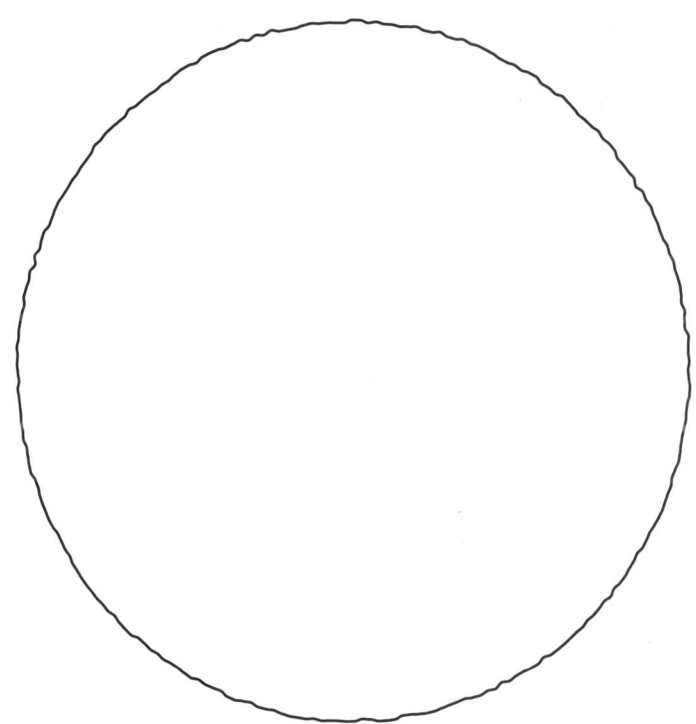

13. Lest ihr selbst, was ihr da schreibt?

Es ist nicht allein die Menge an Mails, die nervt. Es ist die Art, wie sie verfasst sind.

Wenn die Kollegen Mails wenigstens noch mal lesen würden, bevor sie auf »Senden« tippen. Dann wäre Kollege T. vielleicht aufgefallen, dass er mich per Großbuchstaben anschreit, weil die Shift-Taste mal wieder zu nah an der Feststelltaste war. Und ich müsste mich nach dem lautstarken »BESTE GRÜSSE« nicht fragen, ob ich in letzter Zeit versäumt habe, dem Kollegen T. auf dem Flur das tägliche »Schön, dass du da bist!« entgegenzuschmettern.

Die Kollegen machen es sich viel zu einfach: Als ob sie sich mit einer Nachricht, die sie per klick&weg versenden, keine Mühe geben müssten. Im beruflichen Mailverkehr gehört daher der Doppeldecker – erst ohne Anhang, dann mit – schon zum nervtötenden Bürostandard. Und auch sonst leben die lieben Kollegen ihre Marotten bei Mails aus.

Kollegin B. etwa – die Unvollendete – pflegt ihre Mails mittendrin abzubrechen, gern nach dem Halbsatz: »Besonders wichtig ist, dass du ...« Regelmäßige Pausen einplanst? Zu Ende denkst? Was nur, was?

Oder Kollege A., der faule Kopist: Er macht sich nicht die Mühe, das gesamte Skype-Gespräch mit anderen Beteiligten im Kern zusammenzufassen, bevor er das Thema per Mail in die Bürowelt verbreitet. Er löst das mit Copy&Paste, sämtliche LOL-Emoticons inklusive. OMG.

Und erst Kollegin T., die Unermüdliche: Sie schickt auch dann noch nahezu aussagefreie Antwort-Mails (»Alles klar«, »Okay, danke«, »Bis später«, »Melde mich dann wieder«), wenn die Konversation vier Mails zuvor beendet war.

Doch am schlimmsten und häufigsten sind die Fehler-Ignoranten, die ihren Adressaten zumuten, sich den Sinn ihrer Mail aus dem Buchstabensalat selbst zusammenzureimen: »Treffn um %, vitte püntklich!«

Wie schön war es, als sich Menschen zum Briefeschreiben noch Zeit nahmen. Als sie mit Tintenfässchen und Siegelwachs das Schriftstück zeremoniell vorbereiteten für die lange Reise, das Papier benetzt mit einem Hauch Parfum zur Erquickung des Empfängers. Und auch der Inhalt war wohlbedacht – bei einigen wenigen so sehr, dass ihre geistreichen Briefwechsel zu Literatur wurden.

Natürlich können wir im Büroalltag zur nächsten Themensitzung nicht mit einer ziselierten, tiefsinnigen Mail laden, über die das »Literarische Quartett« gejubelt hätte – so viel Zeit muss wirklich nicht sein. Aber ein, nur ein fehlerfreier Satz! Das wäre doch schön. Ohne Buchstaben-Dreher, ohne Grammatik-Verstoß. Schlicht und einfach richtig. Nicht so wie Kollegin Z., die mit ihrer wöchentlichen Rundmail ohne Punkt und Komma – und oft auch ohne Sinn und Verstand – nervt. Jede Brieftaube hätte sich geschämt, so etwas auszuliefern.

»Die nächste Kauderwelsch-Mail von Kollegin Z. drucke ich auf DIN A3 aus und hänge sie korrigiert ans Schwarze Brett! Eine Unverschämtheit und herablassend noch dazu!! Einfach respektlos!!!«, wüte ich ausrufzeichenreich. Leider mache ich das schriftlich. Noch bedauerlicher ist, dass ich statt auf Weiterleiten zum Lieblings-Lästerkollegen auf »Antworten« klicke. An alle …

Tipps: Höchste Zeit für einen Mail-Knigge

»Ich schreibe dir einen langen Brief, weil ich für einen kurzen keine Zeit habe.« Dieser berühmte Satz wird wahlweise Johann Wolfgang von Goethe, Georg Christoph Lichtenberg, Jonathan Swift, Blaise Pascal oder auch schon mal Heinrich von Kleist zugeschrieben.

Und er beweist, dass auch schon früher der Faktor »Zeit« beim Schreiben eine große Rolle spielte. Ja, es kostet mehr Mühe und Zeitaufwand, sich auf das Wesentliche zu konzentrieren, die Gedanken zu kondensieren und überflüssiges Geschwafel wegzulassen. Ja, es kostet mehr Zeit und Mühe, die Rechtschreibung zu prüfen und Buchstaben-Dreher oder falsche Groß-Klein-Buchstaben zu korrigieren.

Und gerade das »schnelle« Medium E-Mail (das für »elektronischer Brief« steht, nicht für »Eil-Brief«!) verführt viele Menschen dazu, schnell und damit flüchtig zu kommunizieren.

Auf der anderen Seite hat allerdings unsere schriftliche Kommunikation in den vergangenen Jahren auch extrem zugenommen. Marktforscher rechnen für 2018 mit einem Anstieg auf rund 917 Milliarden Mail-Nachrichten allein in Deutschland – Tendenz steigend.[12] Zusätzlich zu den ganzen Messenger-Diensten und Postings auf Facebook, Twitter & Co., die ebenfalls um unsere Aufmerksamkeit buhlen.

Da kann ein übertrieben hoher Anspruch an das »perfekte« Schreiben zum gigantischen Zeitfresser mutieren. So verbrachte eine meiner Seminarteilnehmerinnen pro Tag (!) eine Stunde und 37 Minuten damit, ihre an Kollegen ausgehenden Mails auf Tippfehler zu prüfen. So nett und wertschätzend das gemeint war – für ihr Zeitbudget war das der GAU.

Finden Sie deshalb eine Balance zwischen korrekter Schreibweise und effizientem Tun.

❱ Suchen Sie nicht selbst, sondern schalten Sie die Rechtschreibprüfung in Ihrem Mail-Programm an.

❱ Aktivieren Sie die Autokorrektur für Wörter, bei denen es Sinn macht (!). Deaktivieren Sie die Autokorrektur für Wörter, die das Programm immer verschlimmbessert.

❱ Fangen Sie gar nicht erst an, Ihre Mails nur in Kleinbuchstaben zu verfassen. Oder gewöhnen Sie es sich wieder ab. In der Regel sind zwar die durchgängig kleingeschriebenen Texte gut verständlich (bis auf wenige kuriose und konstruierte Ausnahmen), bleiben aber doch für deutsche Leser gewöhnungsbedürftig – und die sollen sich Ihrem Schreiben ja aufmerksam und nicht verärgert widmen.

❱ Machen Sie sich klar, dass korrekte Satzzeichen Leben retten können (»Komm, wir essen, Opa.«)

❱ Besprechen Sie in Ihren Teams oder sogar im ganzen Unternehmen, wie die Mail-Kommunikation gehandhabt werden soll. Legen Sie einen »E-Mail-Knigge« fest, beispielsweise, indem Sie ausmachen, dass es in Mails im Kollegenkreis

durchaus o. k. ist, wenn der eine oder andere Rechtschreibfehler enthalten ist. Oder die Groß-Klein-Schreibung hinkt.
Oder eben nicht.

❱ Tragen Sie den Bedürfnissen der Kollegen Rechnung, indem
Sie auch Ihren Umgang mit Begrüßungs- und Grußformeln
klären. Ein unabgesprochenes, effizientes »Bericht bis morgen 10 Uhr!« mag von den einen Kollegen als angenehm
knappe Botschaft aufgefasst werden – während sich andere
denken »Hallooo?« und über den brüsken Befehl ärgern.

 ## Sofort-Hilfe

Geheimbotschaft in der Mail

Sie sagen sich öfter, wenn Sie eine mit Fehlern gespickte Mail
bekommen: Das kann doch nicht deren Ernst sein? Vielleicht
schon: Denn in diesem Kauderwelsch könnte sich eine geheime
Nachricht für Sie verstecken. Aber welche?

Das finden Sie bei der folgenden Botschaft nur heraus, wenn
Sie alle fehlerhaften Wörter durchstreichen – denn selbst Götter
sind nicht perfekt.

Aus einer dringlichen Schriftrolle, gesendet vom Gott der Unter-welt an Sisyphos. Hades war entweder sehr in Eile oder legte besonders wenig Wert auf Rechtschreibung:

Liebr Sysyphus,

wia ich dia neuhlich scho gschriabn habe wadde ichauch heute auv dänn Berichd, wanndu entlich mehr als drei STEIne auffn Gipfi schaffsd?!?

Antauernd bekommi Mails mit nervigen Nachfrag-gen, wei di Gödder koane Ruah gebn …

Host dua garnix glernt auss dainen Fehlern? Magst viellacht a härdere Strafn bekommen? Viellacht an eckign Stoan? Reiss di zsam! Höchste Zeit wars.

Ansonstn wiaste inner Ewigkeid ned Feierabend habn, dais nix zu machen!

MvG,

H.

14. Grauen am Montag- morgen

Es gibt angenehmere Arbeitstage in der Woche als den Montag. Zum Beispiel Dienstag, Mittwoch und Donnerstag. Oder Freitag. Es wird Zeit, etwas gegen den Blues zum Wochenbeginn zu tun.

Montag ist, wenn ich denke, ich habe einen Kater, ohne getrunken zu haben. Wenn mein Hirn noch schläft, obwohl mein Körper schon in der U-Bahn sitzt. Wenn Angela Merkel ein lebendigeres Mienenspiel hat als ich. Montag ist, wenn ich mich älter fühle, als ich vielleicht jemals sein werde.

Es geht ja schon mit dem Klingeln des Weckers los. Der meldet sich auch am Freitag viel zu früh, dann tut es aber weniger weh. Ein Montag bedeutet Schmerz und Überwindung. Zum einen ist da der Abschied vom Wochenende mit all seinen Möglichkeiten. Zum anderen die Mühsal, sich überhaupt zu erheben. Oder zu bewegen. Oder zu denken. Man weiß ja, was kommt.

Beim Blick aus dem Fenster warten genau zwei Optionen: Entweder verhöhnt der Montagmorgen einen mit dem strahlend schönen Wetter, das man am Samstag und Sonntag vermisst hat. Oder er fährt alles auf, was er an Sturm, Hagel und Graupelschauern zu bieten hat.

Auf dem Weg zur Arbeit dann sehen die Menschen so blass

und unausgeschlafen aus, wie sie sich fühlen. Wäre der Montag ein Mensch, würde er betont fröhlich zu jeder vollen Stunde ausrufen: »Wer feiert, kann auch arbeiten!« Nein, auch als Mensch wäre der Montag nicht beliebt.

Es gibt aber jemanden, der sich freut, dass die Woche beginnt: Kollege W., der am Wochenende immer so wahnsinnig spannende Abenteuer erlebt, dass er kaum erwarten kann, von ihnen zu berichten. Auf dem Flur. In der Kaffeeküche. In der Kantine. Im Aufzug. Vor der Konferenz. Nach der Konferenz. In der Putzkammer, in der man sich vor ihm sicher wähnte.

Es ist nicht so, dass seine Geschichten langweilig wären, im Gegenteil: Sie führen nur vor Augen, dass man selbst wieder viel zu wenig aus den zwei kostbarsten Tagen der Woche gemacht hat. Und nun ist Montag und die Chance auf ein wenig Aufregung im steten Fluss des Lebens schon wieder vorbei.

Apropos vorbei: Manche wünschen sich ja, dass die Arbeitswoche genauso schnell vorübergehen möge wie das beschleunigt verfliegende Wochenende. Bei einem kleinen, prokrastinativen Abschweifen in die Sozialen Medien wird man aber eines Besseren belehrt: »Leute«, beginnt ein Post typisch jovial, »das ist Eure Lebenszeit! Soll sie wirklich schneller ablaufen, nur damit Wochenende ist?« Ganz kurz bin ich geneigt – aber nur, weil Montag ist –, diese rhetorische Frage mit Ja zu beantworten.

Vielleicht probiere ich nächste Woche mal das, was Psychologen als Umwidmung oder Reframing bezeichnen – und alle anderen unter dem Namen Schönreden kennen: Statt Trübsal zu blasen, rückt man das Negative – also den Montag – in ein milderes Licht.

Also bitte: Ich werde einen Lichtwecker anschaffen, um am Montagmorgen nicht mehr akustisch aus den Träumen geprügelt zu werden. Ich verzichte auf fünf Minuten kostbarste

Schlafenszeit, um dem Wochenstart nicht mehr ohne Koffein entgegentreten zu müssen. Ich kaufe den buntesten Regenschirm in den sonnigsten Farben. Und ich verabrede mich schon am Freitag für den Montagabend. Fürs Kino zum Beispiel, um dort gleich den Film zu sehen, von dem der Kollege am Mittag schwärmen wird.

Wäre doch gelacht, wenn der Montag so nicht eine zarte Aura von Donnerstag erhielte.

Und wenn der Montag weiter den Miesepeter der Woche gibt? Dann fordere ich die Vier-Tage-Woche.

Guten Morgen, Dienstag!

 ## Tipps: Highlights in die Woche packen

Müssen unsere Vorfahren glückliche Menschen gewesen sein! Da war keine Spur von Montags-Blues zu erkennen, kein sozialer Jetlag, weil sie am Wochenende »gelumpt« hatten, keine fehleranfälligen Montags-Autos zu beklagen, weil sie nicht fit waren. Nein, wie gut hatten sie es, dass sie an sieben Tagen die Woche arbeiten durften. 82 Stunden brachte beispielsweise ein Arbeiter im Jahr 1825 auf seinen Wochenzettel. 1875 waren es nur noch 72 Stunden – zehn Stunden pro Tag, an sieben Tagen die Woche. Freies Wochenende? Noch nicht erfunden![13] Welch Entgegenkommen der Arbeitgeber – stets bemüht um die psychische Ausgeglichenheit der Mitarbeiter.

Doch leider war mit diesem süßen Leben 1956 Schluss, als man in Deutschland zur Fünf-Tage-Woche überging. Und damit nahm das Montagmorgen-Grauen seinen Anfang.

Würde eine Vier-Tage-Woche wirklich gegen den Montags-Blues helfen? Wäre weniger Arbeitszeit der Schlüssel zum motivierten und freudigen Start in die neue Woche?

Mit Sicherheit nicht. Ein Beispiel: Im Jahr 2000 führte die französische Regierung offiziell die 35-Stunden-Woche ein. Doch anstatt glücklicher zu werden und die viele neue Freizeit zu genießen, berichteten viele meiner französischen Freunde von einer zunehmenden Unzufriedenheit: Ja, man habe zwar mehr Zeit für schöne Unternehmungen – aber leider nicht so viel Geld, um all die Freizeitwünsche zu finanzieren. Ja, es sei jetzt ausreichend Platz im Terminkalender für Kultur, Sport oder andere Aktivitäten – aber leider seien besonders in den Ballungsräumen die meisten Plätze schnell voll, weil das Freizeitangebot nicht so schnell mit der Nachfrage mithalten könne.

Und mit der sinkenden Arbeitszeit kam noch ein weiteres Phänomen zum Tragen: Reduzierte sich mit der Stundenzahl auch tatsächlich das Arbeitspensum (wurde also nicht nur kosmetisch dieselbe Arbeit in weniger Stunden gepresst), dann fühlten sich viele Berufstätige nicht mehr ausreichend gefordert. Und sie machten Bekanntschaft mit dem bereits bekannten »Bore-out-Syndrom«. Zu wenig Action, zu wenig Anspruch, zu wenig Herausforderung ist für uns menschliche Wesen genauso ungesund wie zu viel. Und wer unterfordert ist, erlebt ebenso den Montags-Blues.

Was aber hilft?

❱ Suchen Sie sich (wieder) eine berufliche Tätigkeit, die Sie erfüllt. Die Sie im Grunde Ihres Herzens zufrieden macht. Auf die Sie sich freuen.

❯ Schaffen Sie sich, so gut es geht, ein nettes kollegiales Umfeld mit Menschen, auf die Sie sich freuen. Am besten, indem Sie Kollegen zumindest zu Bekannten machen, mit denen Sie sich auch mal abends treffen – muss ja nicht jeden Monat sein.

❯ Planen Sie bewusst an Ihren Feierabenden oder in den Morgenstunden schöne Aktivitäten ein. Verlagern Sie Ihr »Leben« nicht aufs Wochenende, sondern nehmen Sie sich die Zeit unter der Woche. Ich weiß, das ist keine leichte Übung, besonders wenn Sie auch familiäre Verpflichtungen haben. Aber fangen Sie klein an, mit 30 Minuten Lesen auf der Couch oder einem 20-Minuten-Spaziergang. Gehen Sie unter der Woche ins Kino oder ins Theater – Ihre neue Motivation und Energie, die Sie dadurch gewinnen, machen den verlorenen Schlaf mehr als wett.

❯ Bringen Sie mehr Bewegung in Ihren Alltag. Sport baut Stress ab und beflügelt uns auch noch Stunden danach. Probieren Sie verschiedene Sportarten aus – je mehr Spaß Sie bei einem neuen Hobby haben, desto eher überwinden Sie den »inneren Schweinehund« am Feierabend.

❯ Hauen Sie nicht jedes Wochenende auf den Putz, mit zu viel Alkohol und zu wenig Schlaf. Nichts gegen Feiern – aber Ihr Körper bestraft die Wochenend-Ausschweifungen: Erschöpfung zieht auch Ihre Psyche runter. Also nur ab und zu mal die Nacht durchmachen.

❯ Notieren Sie am Freitag, bevor Sie ins Wochenende gehen, eine Aufgabe, auf die Sie sich richtig freuen. Etwas Spannendes. Etwas Neues. Etwas, das Ihnen leicht von der Hand geht. Und tragen Sie diese als Zeit-Insel in Ihren Kalender für Montagvormittag ein. Vorfreude auf eine bestimmte Aufgabe (das kann auch ein Treffen in der Cafeteria mit einer netten Kollegin sein) macht den Start in die Woche leichter.

Wie lang ein Tag ist

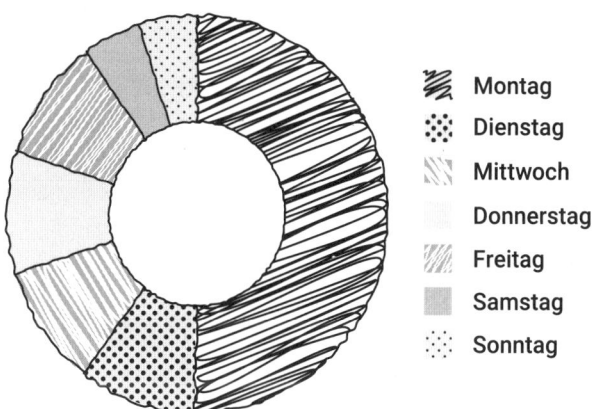

- Montag
- Dienstag
- Mittwoch
- Donnerstag
- Freitag
- Samstag
- Sonntag

15. Wer hier sitzt, kann einem leidtun

Aufgeräumte Arbeitsplätze sind wunderbar, leider gehören sie immer den anderen.

Der Anblick dieses Schreibtischs ist schwer zu ertragen. Das liegt nicht an der Tischplatte in Langweil-Grau – von der ist nicht viel zu sehen. Es geht um das, was sich darauf erhebt wie Plattenbauten in Miniatur. Papier, Bücher, Versandtaschen, Notizen, flache Ordner, dicke Ordner und noch mehr Papier.

Von links und rechts rücken die Stapel an Tastatur und Bildschirm heran, der Maus bleibt ein Bewegungsradius von wenigen Zentimetern. Der Papierstapel ganz links am Tisch würde abstürzen, wenn ihn nicht ein kleines, aber schweres Buch gerade noch im Gleichgewicht hielte. Am Monitor hängen ältere Post-it-Zettel nur deshalb, weil neue darübergeklebt sind. Wer hier sitzt, kann einem leidtun.

Es ist mein Schreibtisch.

Er scheint über eine wissenschaftlich noch weitgehend unerforschte Form von Magnetismus zu verfügen: Mein Tisch zieht Papier an. Werfe ich ein Blatt weg, liegen drei neue da und bilden das Fundament für den nächsten, schnell wachsenden Stapel.

Ich nenne es kreatives Chaos, andere finden schon diese Betrachtungsweise chaotisch. Dabei besagt eine Studie, die ich nach langem Suchen gefunden habe, dass Menschen im Chaos auf bessere Lösungsideen kommen – und auf einfachere, weil ihr Hirn nach Ordnung strebt.

Eine beruhigende Erkenntnis, bis ich sie laut verkünde. Kollegin I. mit dem immer blitzblank sortierten Arbeitsplatz meint süffisant: Warum ich dann nicht auf die gute und einfache Idee komme, jeden Abend den Tisch aufzuräumen? Aber zu diesem späten Zeitpunkt will ich lieber nach Hause gehen, um mich dem Chaos dort zu widmen. Ganz kreativ.

Dabei ist es nicht so, dass ich mich in den Weiten einer wohlgeordneten Tischfläche haltlos und verloren fühlen würde – oder nur selten. Bisweilen setze ich mich an den Nachbarplatz, an dem Tastatur, Maus und ein paar Stifte genau wissen, wo sie hingehören. Ich muss zugeben, hier fühle ich mich offener für neue Projekte und Taten, statt ausgebremst zu sein von dem offensichtlich Unerledigten. Mein Tisch ist eine materialisierte To-do-Liste.

Beanspruchte nicht ein gut gefüllter Schubladen-Container den Platz unter dem Tisch für sich, würde dort auch noch ein Bücherstapel aus dem Boden wachsen und sich breitmachen als real gewordener Klotz am Bein.

Regelmäßig, etwa einmal im Jahr, überkommt mich ein Anfall von Aufräum-Wut. Der Auslöser ist meist nichtig: ein Bildband, der mit Getöse vom höchsten Stapel gerutscht ist; der brennende Nackenschmerz, weil die Arme nie locker liegen, sondern eng an den Körper gepresst sind, acht Stunden am Tag. Oder drei Staubmäuse hinter dem Monitor – ich hatte sie Egon, Eckbert und Elvira getauft –, die sich auf dem Klebestreifen des Post-it-Zettelblocks zu einer unansehnlichen Staub-Ratte vereint haben.

Dann räume ich und sortiere ich und werfe weg, gnadenlos, da voller Zorn und befeuert von ein wenig Scham, schließlich steht auf den Ausdrucken ganz unten im Stapel das Datum lange vergangener Bürozeiten. Der Papierkorb wird aus seinem Dornröschenschlaf gerissen, er füllt sich, der Tisch leert sich. Sogar die Wand ist zu sehen.

So soll es sein, so wird es bleiben! Ich bin zuversichtlich. Zwei Wochen lang. Dann arbeitet der unheimliche Papier-Magnetismus wieder gegen mich: Ein erster Zettel liegt in der äußersten Ecke, von dort aus erobern die Stapel ihr Revier zurück, bis sie ans Mousepad stoßen. Je höher sie werden, desto düsterer wird mein Platz.

Ich besorge mir eine Schreibtischlampe. Als ich sie das erste Mal einschalte, sehe ich: Ich bin nicht allein. Auch Egon, Eckbert und Elvira sind wieder da.

 ## Tipps: Einen chaotischen Arbeits- und Denkstil akzeptieren

Klassische Erfolgsratgeber predigen es seit Jahrzehnten: Ein aufgeräumter Schreibtisch zeuge von einem guten Selbstmanagement! Nur wer gut Ordnung halten könne, könne überhaupt erfolgreich sein!

Dieser »Super-Tipp« frustriert und demotiviert seit Jahrzehnten nicht wenige Menschen: nämlich die kreativen Chaoten unter uns. Die Menschen, die zwar gern in einem ästhetisch-schönen Umfeld arbeiten und leben. Die gern optische Ruhe haben. Aber deren Arbeitsstil einfach ein komplett anderer ist.

In Kürze: Wie wir uns und unseren Schreibtisch organisieren, hängt ganz entscheidend davon ab, in welcher »Talente-Welt« wir leben, was unser Denkstil ist (siehe Seite 55).

Auf der einen Seite haben wir eben die systematischen Ordner und analytischen Logiker (Ottmar und Dr. Annaliese). Sie haben von Natur aus die Angewohnheit, Dinge linear abzuarbeiten, eines nach dem anderen. Sie beginnen eine Aufgabe, machen sie fertig, räumen die Unterlagen dazu weg und holen sich die Unterlagen für Aufgabe B. Ergebnis: Auf ihrem Schreibtisch liegen immer die aktuell benötigten Dokumente. Der Rest der Tischplatte ist leer. Manchmal sogar so leer, dass ahnungslose Kollegen vermuten, die Hochstrukturierten seien in Urlaub, wenn sie sich nur schnell einen Kaffee holen gehen. Die Systematiker legen äußerst großen Wert auf (dingliche) Ordnung und bekommen Energie durch Aufräumen. Und deshalb sieht bei ihnen immer alles tipptopp aus.

Auf der anderen Seite sehen wir die kreativen Chaoten, falls sie hinter ihrer Unordnung zu erkennen sind: die Ideen-Sprudler und die empathischen Unterstützer (Igor und Hanni). Sie arbeiten von Natur aus »assoziativ«, springen also schnell von einem Thema ins andere. Sie beginnen eine Aufgabe, dabei kommt ihnen eine Idee für ein anderes Projekt. Sie holen diese Unterlagen ebenfalls hervor, und während sie hier zugange sind, braucht ein Kollege Unterstützung, also landen diese Papiere auch noch auf dem Schreibtisch. Ergebnis: Der Schreibtisch ist komplett voll. Völlig falsch wäre es jetzt allerdings, den kreativen Chaoten zum »Leertischler« umzuerziehen. Denn würden sich die Ideen-Sprudler und Unterstützer dazu zwingen, die Dinge eines nach dem anderen zu bearbeiten und einen jederzeit leeren Schreibtisch zu behalten, torpedierten sie ihre bevorzugte Art zu agieren und blockierten sich im Arbeitsfluss.

Aus diesem Grund ist auch die »Clean-Desk-Policy« (die Vorgabe, abends einen komplett leeren Schreibtisch hinterlassen zu müssen) für die Systematiker unter uns die leichteste Übung. Für kreative Chaoten aber ist die Regel komplett kontraproduktiv! Sie wissen am Abend auf die Schnelle nicht, wohin mit dem Krempel, und stopfen ihn in irgendwelche Schubladen oder Schränke. Am nächsten Morgen kommen sie ins Büro, freuen sich (»Ui, gar nichts zu tun heute!«), aber nur kurz. Dann fallen ihnen die Massen in den Schränken ein, sie zerren alles wieder hervor und brauchen jetzt sehr lange, um ihre ganz eigene »Ordnung« von gestern wiederherzustellen und damit den Anknüpfungspunkt für den nächsten Arbeitsschritt zu haben. Sinnvoller und ein echter Zeitgewinn wäre es, die erste Aufgabe des nächsten Morgens tatsächlich offen liegen zu lassen – nur dann sind Kreative gedanklich sofort wieder da, wo sie am Vortag aufgehört haben.

Machen Sie sich also klar, dass ein voller Schreibtisch kein Problem per se ist! Er ist das deutlich sichtbare Zeichen für Ihr vernetztes Denken. Nehmen Sie sich also in Ihrem »Chaos« an, und machen Sie einfach »schöne« Stapel.

Sie selbst oder Ihnen wichtige Kollegen sind allerdings zunehmend genervt von Ihrer Unordnung, oder Sie vergeuden viel zu viel Zeit mit Suchen und Umschichten? Dann schlagen Sie mit folgenden Tipps[14] eine Schneise.

❯ Stehen Sie dazu, dass Sie möglicherweise ein »Quartals-Chaot« sind. Sammeln und stapeln Sie weiterhin während der heißen Phase eines Projektes oder im Alltagsgalopp. Und halten Sie dann ein- oder zweimal im Quartal oder Jahr einen »Klar-Schiff-Tag« frei, an dem Sie Tabula rasa machen und ausmisten, neu sortieren, sich schöne, neue, kreativ-chaotische Ablage-Strukturen schaffen. Verabreden Sie sich gern dazu mit Kollegen im Haus, oder tun Sie sich virtuell mit anderen Menschen zusammen, die sich an diesem Tag auch ein Klar-Schiff-Projekt vornehmen.[15] Gemeinsam macht das nämlich mehr Spaß – und man lässt sich nicht so leicht von Ideen ablenken, die beim Ausmisten kommen!

❯ Schaffen Sie sich Ablage-Plätze in verschiedenen Farben. Das bringt Freude in Ihren Alltag und erleichtert zudem das Aufbewahren, Suchen und Finden. Denn unser Gehirn ist wesentlich schneller in der Lage, Farben zu erkennen als Schrift.

❯ Arbeiten Sie mit transparenten Organisationshelfern (Klarsichthüllen, durchsichtigen Hängeregistermappen …). Der Grund: Kreative Chaoten sind sehr häufig sehr visuelle Menschen. Räumen Sie Unterlagen optisch weg, stellt sich ungewollt der Effekt »Aus den Augen, aus dem Sinn!« ein. Alles, was wir sehen, bleibt hingegen präsent. Und deshalb ist es ganz in Ordnung, dass der Schreibtisch zur materialisierten To-do-Sammlung wird.

❯ Sie wünschen sich aber Leere am Schreibtisch, um kreativer sein zu können? Dann besorgen Sie sich einen zweiten Tisch, ein Sideboard oder einen großen Rollcontainer, die Sie hinter sich aufstellen. Stapeln Sie darauf alle Unterlagen, die Sie im Moment stören. So schaffen Sie im Blick-Bereich optische Ruhe. ACHTUNG: die Stapel immer mal wieder auf den Schreibtisch zurückräumen, sonst droht abermals »Aus den Augen, aus dem Sinn«.

❯ Und halten Sie es wie Albert Einstein: »Wenn ein unordentlicher Schreibtisch auf einen unordentlichen Geist hinweist, worauf deutet dann ein leerer Schreibtisch hin?«[16]

 **Sofort-Hilfe**

Mein Traum-Schreibtisch

Malen Sie hier auf Ihren Traum-Schreibtisch alle Dinge auf, die Sie schön finden und die Sie gern um sich hätten, um gut arbeiten zu können. Lassen Sie es ruhig aussehen wie in einem Waldorf-Kindergarten – geniale Menschen haben bunte Dinge um sich herum, die sie inspirieren.

Sie können nicht so gut zeichnen? Dann schneiden Sie aus Prospekten heraus, was Ihnen gefällt. Viel Vergnügen beim Dekorieren!

16. Habt ihr keine Tisch-manieren?

Es wird geschmatzt, geschlungen, gestochert: Beim Mittagessen mit Kollegen lassen sonst gut erzogene Exemplare den Höhlenmenschen raus.

Es sollte eigentlich der soziale Höhepunkt des Bürotags sein: das Mittagessen. Man unterhält sich gegenseitig mit dem neuesten Beziehungs-, Freizeit- oder Fußball-Wahnsinn. Es könnte so schön sein. Wenn nicht die Kollegen ganz andere Tischmanieren hätten als ich. Oder gar keine.

Ich bin heute mit Kollege T. verabredet, ein wirklich netter Kerl. Weshalb unser letztes gemeinsames Mahl mindestens ein Jahr zurückliegt, ist mir entfallen – der Unterzucker verlangsamt mich schon seit einer Stunde. Endlich Essen!

Neben unserem Fensterplatz lässt sich am selben Tisch das Team der Nachbarabteilung nieder, wort- und grußlos. Ich überlege, ob wir seit neuestem verfeindet sind? Aber wahrscheinlich hat hier auch der Unterzucker die Grundlagen des höflichen Miteinanders bröckeln lassen.

Die allseits beliebte Kollegin C. hat schon das gruppen-interne Tischgespräch eröffnet, sie ist eine Meisterin des Small Talks. Während sie die Runde unterhält, kann diese in Ruhe essen – muss dafür aber in Kauf nehmen, eine halbe Stunde länger als gedacht vor bereits leeren Tellern auszuharren, während

C. Stückchen für Stückchen von ihrer Pizza säbelt, diese noch dreimal gestenreich kreisen lässt und dann gefühlt hundertmal kleinkaut. Man habe nichts dagegen, dass sie die Pizza in die Hand nehme, werden die kaffeedurstigen Kollegen später ungeduldig einwerfen. Kollegin C. wird dennoch weitersäbeln und langsam knuspern.

Da ist Kollege B. schon lange fertig. Er gehört zum klassischen Schaufel-Typ: Erst lässt er sich die normale Portion und dann zweimal Nachschlag auf den Teller häufen, die er möglichst schnell in sich hineinschiebt. Dafür hat er eine ausgefeilte Technik: Er spießt auf seine Gabel als Rutschstopp ein möglichst großes Stück Fleisch, dahinter schichtet er zweierlei Beilagen. Sein Ziel ist es, die Hälfte des Mahls auf den ersten Bissen zu vertilgen.

Vielleicht kann B. schlangengleich seinen Kiefer ausrenken? Anders kann ich mir nicht erklären, wie dieser Essensberg in seinen Mund passen soll. Doch er verschwindet darin, nur ein wenig Soße läuft links und rechts hinab. Kollege B. kaut schnaufend und mit aufgerissenen Augen: wirklich zu blöd, dass auch er während des Essens atmen muss.

An seiner Seite fällt Kollegin A. über die Hähnchenkeule her: Im Gegensatz zu Kollegin C. ist sie glücklich, wenn sie mit der Hand essen kann, richtig zupacken. Leise knurrend fetzt sie das Fleisch vom Hähnchenbein, sie zerrt und reißt. Das Krümelmonster isst manierlich dagegen. Ein paar Fleischfasern landen auf dem Teller von Kollege D., der seine Platzwahl verwünscht.

Kollege D. lebt vegan und bringt jeden Tag sein eimilchfleischfreies Essen von zu Hause mit. Der Anblick von Grünkern-Bratlingen an Karotten-Erbsen-Reis mit Sprossen-Häubchen sowie die permanent hochgezogenen Augenbrauen von D. machen Kollegin R. so ein schlechtes Gewissen, dass sie versucht, wenigstens die Speckwürfel ihrer Spaghetti Carbonara unter ein paar Nudeln zu verstecken.

Dort entdeckt sie der Kollege B., der vor seinem leeren Teller sitzt und sich gerade noch zurückhalten kann, ihn nicht vor aller Augen abzuschlecken: »Willst du den feinen Speck nicht essen?«, ruft er. Und noch lauter: »Soll denn das arme Schwein umsonst gestorben sein?« Kollege D. schnauft empört, Kollegin R. errötet und schiebt den Speck rasch zu B., der sogleich einen Würfelturm auf seiner Gabel aufstapelt.

Ich will meinem Essenspartner einen vielsagenden augenrollenden Blick zuwerfen – doch Kollege T. hat meine Gesprächsebene verlassen. Ich finde ihn weiter unten, Auge in Auge mit seiner Spiegelung im Trinkglas. T. hat über dem Teller jegliche Haltung verloren, ist mit breiten Ellenbogen auf den Tisch gesunken, sein Kinn berührt fast das Porzellan. So kann er maschinengleich sein Essen in sich reinschieben. Ich könnte leicht darüber – oder über ihn – hinwegsehen, fühle mich aber alleingelassen mit meiner Tisch- und Gesprächskultur. Eine Unterhaltung wäre doch ganz nett gewesen.

Jetzt fällt mir auch wieder ein, weshalb wir im vergangenen Jahr nicht gemeinsam Essen waren: Zu zweit war es zu einsam.

 Tipp: Ignorieren oder aussortieren

Tischmanieren haben für unseren beruflichen und persönlichen Erfolg eine sehr große, von manchen unterschätzte Wirkung. Wissen wir, wie wir uns zu benehmen haben, dann zeugt das von einer guten Kinderstube und fördert das Vorankommen. Fehlen uns das Gespür und die Praxis für die richtigen Tischmanieren im jeweiligen Umfeld, dann kann sich das sowohl für Bewerber als auch für Kollegen und Geschäftspartner in spe als Todesstoß für das Vorankommen erweisen.

Freiherr von Knigge würde jetzt vermutlich den Federkiel spitzen und sich schnell mal ausrechnen, was er hier für ein Knigge-Training in diesem schönen Unternehmen verdienen könnte. Denn die »Regeln« sind ja im Kern ganz klar: Man grüßt, man schluckt erst hinunter und spricht dann, man führt das Besteck zum Mund und sackt nicht über dem Teller zusammen. Ellenbogen haben auf dem Tisch nichts zu suchen. In Deutschland liegen während des Essens beide Hände mit den Gelenken an der Tischkante auf – anders ist es im angloamerikanischen Raum: Dort ist es üblich, das Fleisch vorab in mundgerechte Stücke zu schneiden und mit der Gabel die Stückchen zum Mund zu führen, während die zweite ungenutzte Hand im Schoß liegt.

Relativ neu ist, dass jetzt nicht nur die Asiaten mit den Fingern essen dürfen, sondern auch in unserem Kulturkreis Pizza und Hühnchenkeulen in die Hand genommen werden dürfen – sofern genug Servietten auf dem Tisch oder sogar Handwaschbecken in der Nähe sind.

Was aber tun, wenn sich die Kollegen einfach nicht so verhalten, wie Sie es gern hätten? Entweder Sie nutzen auch hier den Tipp »Nimm's an!« (siehe Seite 18) und sehen großzügig über die Essensmanieren der Kollegen hinweg. Oder Sie versuchen es mit Humor: Wenn Ihr Gegenüber zum Beispiel schlingt, als wäre es kurz vor dem Verhungern, könnten Sie mit einem deutlich ironischen Unterton fragen: »Na, war die Fastenzeit zu lang?«

Allerdings verstehen viele Menschen den Wink mit dem Zaunpfahl nicht wirklich. Möchten Sie mit diesen Kollegen weiterhin einen Tisch teilen, bitten Sie um ein Vier-Augen-Gespräch. Sagen Sie, dass Sie den anderen wirklich mögen und gern weiterhin mit ihm/ihr essen gehen würden. Weisen Sie auf das Sie störende Schmatzen, Schaufeln oder Endlos-Essen hin. »Ich bin da vielleicht etwas empfindlicher als andere – wie wollen wir damit umgehen?« Und jetzt lassen Sie dem anderen den Raum, eine Lösung vorzuschlagen. Sei es, dass er Besserung gelobt. Oder dass Sie – in aller Freundschaft – vereinbaren, künftig doch an getrennten Tischen zu sitzen und sich lieber nur auf einen Nachmittagskaffee zu treffen.

Eine zu krasse Lösung? Nein, denn unsere Pausen sollen ja Energie geben und ein Ausgleich zur Konzentration im Job sein. Da dürfen Sie sich die Rahmenbedingungen schaffen, damit es tatsächlich eine Auszeit für Sie wird und kein Ärgernis. Und womöglich ist Ihnen der andere sogar dankbar für den dezenten Hinweis.

Vielen Menschen ist nämlich überhaupt nicht klar, welche Gefühle ihr hör- und sehbares Essverhalten bei anderen auslöst. Weil sie es nie besser gelernt haben.

Oder weil sie sich an einem anderen Kulturkreis orientieren – an den Chinesen. In China gehört es in vielen Schichten zum »guten Ton«, die Suppen zu schlürfen, beim Kauen zu schmatzen, vernehmlich nach dem Essen zu rülpsen, die Ellenbogen auf den Tisch zu stemmen. Das ist dort ein völlig normales Gebaren und zeigt, dass das Essen hervorragend geschmeckt hat. Chinesische Geschäftsleute, die Deals mit Westlern machen wollen, besuchen inzwischen zunächst eine Schulung, um mehr über die seltsamen Sitten und Gebräuche zu erfahren. Und zu lernen, wie man sich bei uns bei Tisch verhält – ziemlich unhöflich zurückhaltend.

Das Kantinen-Dilemma

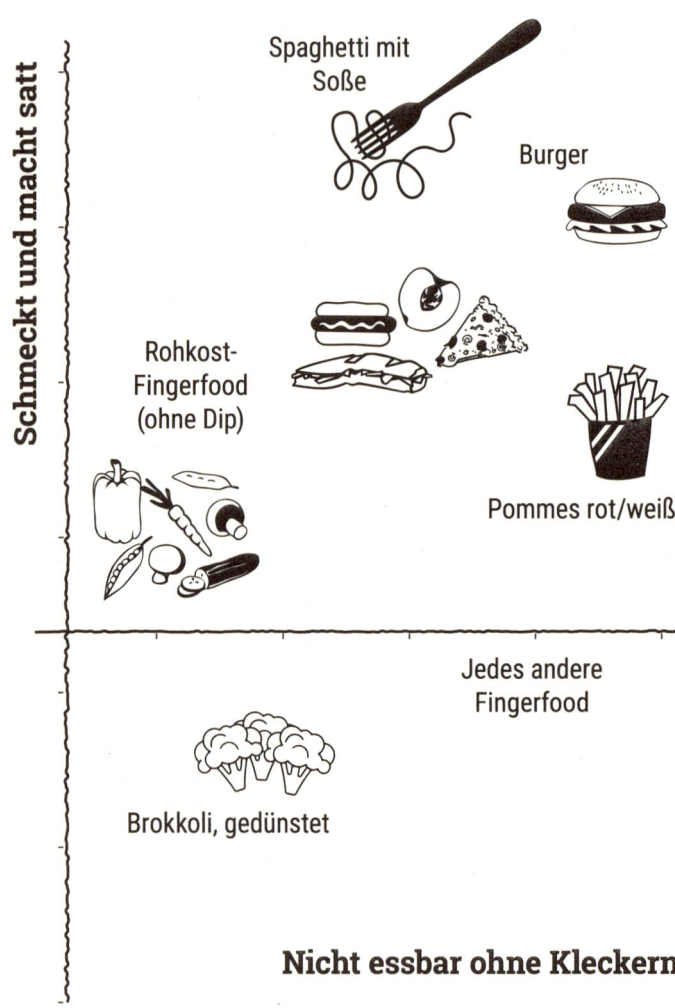

Schmeckt und macht satt

Spaghetti mit Soße

Burger

Rohkost-Fingerfood (ohne Dip)

Pommes rot/weiß

Jedes andere Fingerfood

Brokkoli, gedünstet

Nicht essbar ohne Kleckern

17. Bloß nicht aufschieben!

Immer diese Aufschieber: Es ist doch wirklich nicht so schwer, eine Aufgabe anzupacken und zu erledigen. Oder?

Es ist kaum auszuhalten, wie die Kollegen ihre Arbeit auf die ganz lange Bank schieben. Wie sie alles Mögliche erledigen, nur nicht das, was sie eigentlich tun sollen. Sie alle sind offenbar klassische Prokas…, Prokrasti…

Moment, das muss ich kurz nachschlagen. Ich selbst habe ja zum Glück mit der Aufschieberei kein Problem. Ich weiß, worauf es ankommt. Einfach sitzen bleiben, sich nicht von jedem Reiz ablenken lassen. Durst zum Beispiel. Deshalb hole ich mir vor dem Schreiben Wasser. Nicht nur ein einziges Glas, sondern eine ganze Karaffe voll.

Wer das Trinken vergisst, leidet unter Kopfschmerzen. Und es fällt schwer, fokussiert zu bleiben. Habe ich gerade gegoogelt.

Mit dem Essen verhält es sich ähnlich, wobei: Das taugt auch als Motivation zum Durchhalten – wie gesagt, ich kenne mich aus. Ich springe nicht sofort weg von der Arbeit, nein: Ich bleibe zehn, zwanzig Minuten dran und belohne mich erst dann. Mit Obst zum Beispiel. Obwohl, nach zwanzig Minuten darf es schon was Süßes sein.

. . .

Mist, der halbgeheime Vorrat in der Schublade ist leer. Da muss ich kurz in die Kantine. Dort kann ich mich auch gleich mit Koffein versorgen – ich will ja später nicht von unerträglichem Kaffeedurst aus der Konzentration gerissen werden. Nicht mit mir.

. . .

Auf dem Weg treffe ich Kollegin S. und kann gleich meinen Projektvorschlag für nächste Woche mit ihr besprechen. Schon wieder ganz effizient Zeit für eine Mail gespart. Apropos, das Postfach checke ich besser auch noch schnell, bevor ich loslege. Und dann erst wieder in zwei Stunden, nur zu festen Zeiten, wie von Experten empfohlen.

. . .

Ach, interessant, eine Mail zum Thema Aufschieben, das ist ja ein Zufall. Welcher Aufschiebe-Typ ich bin? Den Test mache ich gleich.

. . .

Ärgerlich. Mit dem Test stimmt offenbar etwas nicht: Nur fünf Prozent würden noch mehr aufschieben als ich. Dabei ist es ja nicht so, dass ich hier sitze und Büroklammern verbiege. Damit beschäftigen sich manche ja ganze Arbeitstage lang. Und verbrauchen ihre Energie für Drahtgebilde, die müssten eigentlich ausstellungsreif sein.

. . .

Das ist schon enttäuschend, dass auf einschlägigen Webseiten als erste Anleitung zum Büroklammern-Verbiegen so etwas Simples wie ein Herz kommt.

Und meines ist gebrochen. Selbst beim 14. Versuch. Jetzt habe ich keine Büroklammern mehr.

. . .

Ich hole auch gleich neue Kugelschreiber und Post-it-Zettelchen. Wieder zwei Wege und Ablenkungen gespart.

. . .

Manche, so habe ich eben gelesen, verbrauchen ihre Post-its ja stapelweise, um Fensterbilder zu kleben. Sogar einen »Post-it-War« gibt es. Wirklich unglaublich, was da alles zusammen-gepappt wird, da gibt es in den Foto-Communitys ganz erstaun-liche Werke. Ich selbst habe dafür ja keine Zeit.

. . .

Das bunte Snoopy-Bild aus Post-its ist schon ein Kunstwerk, und im Gegensatz zum Büroklammern-Biegen wird es auch bei mir was. Den Kollegen, denen ich ein Foto davon geschickt habe, gefällt es jedenfalls. Ein paar haben gleich gekontert, und …

. . .

Immer diese Störungen. Die Sekretärin meint, ich solle auf-hören, die anderen zum Verschwenden der Firmen-Post-its anzustacheln. Hat die nichts Besseres zu tun, als Klebezetteln nachzuspüren? Sie sollte mal ein Zeitmanagement-Seminar besuchen, kann ich nur empfehlen. Der beste Tipp: Wenn es wirklich wichtig ist, setzt man sich schon ran an die Aufgabe. So wie ich mich an diesen Text. Wie schreibt sich denn jetzt dieses Prokrasti…? Ich muss hier schließlich vorankommen, es ist jetzt …

Oh.

Schon so spät?

Hm.

Dann schaue ich morgen nach. Gleich nachdem ich die Mails gecheckt habe.

 ## Tipp: Nehmen Sie Ihre hohe Messlatte herunter!

Willkommen im Club: Nicht mit dem anzufangen, was wir »eigentlich« tun wollen, uns schnell ablenken zu lassen von der aktuellen (wichtigen) Aufgabe – das ist ein ganz normaler menschlicher Zug. Und ein bisschen bummeln kann uns ja auch guttun.

Also dürfen wir hier ein wenig nachsichtiger und liebevoller mit uns umgehen.

Kritisch wird die Prokrastination – zu Deutsch Aufschieberitis – allerdings dann, wenn wir wichtige Aufgaben gar nicht oder immer viel zu spät abliefern. Oder wenn uns das ewige Nicht-in-die-Pötte-Kommen selbst am meisten nervt. Ganz zu schweigen von der wertvollen Lebenszeit, die wir mit unnötigem Sich-beschäftigt-Halten vergeuden.

Was hilft?

Erst einmal sollten wir nach der Ursache forschen, warum wir eigentlich nicht anfangen oder uns verzetteln. Denn in der Regel hat es einen handfesten Grund, weshalb wir uns so verhalten. Und im zweiten Schritt dann die Tipps beherzigen, die unsere Aufschieberitis im Kern erfassen.

Grund Nummer 1: Perfektionismus

Könnte es sein, dass Sie Angst haben, dass Ihr Ergebnis nicht so perfekt ausfällt, wie Sie es gern hätten? Perfektionisten schieben häufig auf – und könnten sich am Ende ja herausreden: »Sorry, in der Kürze der Zeit war einfach nicht mehr drin!« Nehmen Sie Druck raus, indem Sie Ihre Messlatte bewusst tiefer legen. Sie wissen nicht, auf welche Höhe? Fragen Sie die Menschen, für die die Arbeit bestimmt ist, was die konkret erwarten: Welchen Umfang soll die Analyse haben? Wie viele Jahre zurück soll die gewünschte Statistik reichen? Wie ausführlich soll der erste Entwurf des neuen Konzeptes sein? Mag sein, dass Sie zunächst irritierte Blicke auf diese Nachfrage ernten. Aber diese Informationen sind für Sie bare Zeit wert.

Grund Nummer 2: Zu wenig zu tun?

Haben Sie womöglich »Angst vor der Leere danach«? Sprich: Sie wissen nicht, welche Aufgabe auf Sie zukommt, wenn Sie Ihr To-do erledigt haben? Und dann ist es beruhigender, die Abgabe zu verzögern, als mit keiner Aufgabe dazustehen? Sichern Sie sich früh einen Folgeauftrag – das hilft.

Grund Nummer 3: Angst vor dem Erfolg?

Oder stehen Sie sich mit der »Angst vor dem Erfolg« im Weg? Häufig sind hiervon besonders gute und engagierte Mitarbeiter betroffen. Diese ahnen, dass sie mit Erledigung dieser Aufgabe befördert werden, mehr Verantwortung bekommen oder ein Projekt erhalten, das sie sich nicht zutrauen. In diesem Fall ist Aufschieben und Verzetteln der Schutz vor einer Überforderung. Machen Sie sich klar, ob Sie einen weiteren Schritt Richtung »Erfolg« gehen wollen – oder nicht. Und kommunizieren Sie, dass Sie z. B. mit Ihrer Fachtätigkeit total happy sind und gar nicht »höher« hinaus wollen.

Grund Nummer 4: die Spezies »Last-Minute-Arbeiter«

Oder gehören Sie zu den kreativ-chaotischen »Last-Minute-Arbeitern«? Diese brauchen einfach die Energie der letzten Minute und sind erst dann richtig gut. In diesem Fall: Leben Sie Ihr Last-Minute-Gen aus. Verzichten Sie darauf, Aufgaben frühzeitig oder sogar mit Puffern zu terminieren. Fangen Sie so spät wie möglich an – und sparen Sie sich das schlechte Gewissen. Dass Sie es trotzdem hinbekommen, wissen Sie ja. Falls Sie im Team arbeiten, das anders tickt, vereinbaren Sie am besten Termine für Zwischenergebnisse – so bekommen Sie den Druck, den Sie brauchen, ohne sich zu verzetteln.

Ihr persönlicher Aufschiebe-Grund ist Ihnen nicht wirklich klar? Dann starten Sie einfach – mit unserer **Zwei-Minuten-Regel**:

Das Schwierigste, wenn wir Aufgaben vor uns herschieben, ist das Anfangen. Deshalb nehmen Sie sich bitte beim nächsten Aufschiebe-Anfall vor, diese Aufgabe jetzt nur zwei Minuten lang zu machen. Stellen Sie sich gern dazu einen Count-Down-Zähler.

Beginnen Sie Ihre Aktivität.

Der Wecker klingelt – hören Sie auf, die Aufgabe zu bearbeiten. Und nehmen Sie sich in den kommenden Stunden oder Tagen vor, weitere zwei Minuten daran zu arbeiten.

Sie sind aber jetzt gerade gut drin in der Aufgabe und wollen lieber weitermachen? Nur zu – und Glückwunsch: Sie haben soeben Ihre Aufschieberitis besiegt.

✚ Sofort-Hilfe

Aufschiebe-Würfel

Sie sind es leid, so passiv zu prokrastinieren? Dann schieben Sie ab sofort aktiv auf – und lassen Sie die Würfel entscheiden, was Sie wann tun.

❯ Die Vorlage auf der folgenden Seite herauskopieren und ausschneiden.

❯ Zusammenkleben.

❯ Beim nächsten Prokrastinations-Anfall die Würfel entscheiden lassen.

Jetzt!

dann
hier kleben

dann
hier kleben

Erst Kaffee holen :-)

Erledige eine andere Aufgabe

Jetzt!

zuerst hier
kleben

zuerst hier
kleben

Jetzt!

Morgen vielleicht

zuletzt hier
kleben

18. Konferenz der Alphatiere

In Meetings reden viele mit, ohne etwas zu sagen zu haben – schließlich wollen sie Karriere machen.

Bei vielen Konferenzen ist schon nach fünf Minuten klar: Es wurde alles gesagt. Leider ist das für den Diskussionsleiter kein Grund, das Meeting zu einem würdigen Ende zu bringen. Schließlich sind noch Teilnehmer willens, das bereits Gesagte in eigenen Worten zu wiederholen. Manche formulieren es nicht einmal um. Die schweigende Mehrheit wünscht ihnen währenddessen nichts Gutes, mindestens Halsschmerzen mit dem Verlust der Stimme.

Nehmen wir an, es geht bei diesem Meeting um die Wurst. »Ach, ich dachte um Käse«, flüstert mir Kollegin B. zu. Sie könnte jetzt – da völlig unvorbereitet – aufstehen und gehen. Sie könnte sitzen bleiben und schweigen. Doch sie spricht.

Die Wortbeiträge sind substanzloser geworden, seit der Tipp eines Coaches per Flurfunk die Runde gemacht hat: Wer Karriere machen will, redet auch dann, wenn er nichts zu sagen hat. Wer schweigt, wird im besten Fall übersehen und im schlechtesten als zu inkompetent eingeschätzt, um den Mund aufzumachen.

Also geht es dank der Karrieristen selbst im alltäglichsten Meeting nicht mehr ums Thema, sondern um das eigene Vorankommen: Bald, so träumen die ehrgeizigen Kollegen, werden sie selbst diese Konferenzen leiten. Vor lauter Tagträumen verpassen sie beinahe die entscheidenden Sätze mit der Essenz: »Die Wurst, die hat zwei Enden.« Geschafft, denkt sich die ungeduldige Mehrheit und rutscht bis zur Stuhlkante vor. Sie ist bereit, aufzuspringen und zu ihrer eigentlichen Arbeit zurückzukehren. Zu früh gefreut.

»Bleibt noch eine Frage zu klären«, erhebt Kollege G. die Stimme. Er spricht in Konferenzen stets eine Oktave tiefer in der Hoffnung, besonders souverän zu klingen. Das wirkt ein wenig verkrampft.

Zu klären sei noch, so brummt er, von welchem Ende der Wurst selbige zu betrachten sei: »Wo ist da unser Standpunkt?« Die schweigende Mehrheit sinkt seufzend in die Stühle zurück und widmet sich in Gedanken dem hartnäckigen Ohrwurm, den Wochenendplänen, formuliert Geschäftsmails vor und überlegt, was sie alles erledigen könnte, hätte die Konferenz an dieser Stelle geendet.

»Aber«, ruft Kollegin J., die immer ihren Senf dazugibt, »sollten wir nicht besser die Enden von der Wurstmitte aus betrachten? Um beide Seiten im Blick zu haben?« Die Augen der noch wachen Konferenzteilnehmer fixieren Kollege G.: Wird er seinen Wortbeitrag verteidigen?

G. räuspert sich, um krächzfrei brummen zu können: »Von einem Ende sehen wir die ganze Wurst bis zum anderen Ende.« Kollege W. schnellt vor: »Wirklich wichtig ist doch: Wir dürfen die Enden nie aus dem Blick verlieren!« Drei Konferenzteilnehmer werden ob der Lautstärke aus dem Stand-by-Modus gerissen. Auch Kollegin M. fährt auf, endlich ist ihr ein Beitrag eingefallen, wenn auch kein konstruktiver: »Wie gesichert ist denn die Erkenntnis, dass eine Wurst nur zwei Enden hat? Gehen wir vielleicht die ganze Zeit von einer falschen Annahme aus?« Leise prustendes Lachen aus der linken hinteren Ecke, Aufstöhnen bei den Auf-die-Uhr-Schauern, genervter Finger-Trommelwirbel und Stühlerutschen bei der innerlich aufjaulenden Mehrheit. Ich umklammere die Armlehnen. Hoffentlich mischt sich jetzt nicht auch noch Kollege T. ein, Meister der Komplikation, bitte nicht, bitte …

Kollege T. spricht.

»Was wir hier noch gar nicht bedacht haben: Wie viele Enden haben Wurstketten?« Ich schlage meine Stirn im Rhythmus der Silben auf den Konferenztisch. Kollege T. missversteht das als beifälliges Klopfen und legt nach: »Wir kommen nicht voran, solange nicht alle Fakten bekannt sind!«

Nach eineinhalb Stunden wird das Meeting vertagt, für das eine halbe Stunde angesetzt war. Man treffe sich morgen wieder und bis dahin sei zu klären, mit wie vielen Wurstenden wir es zu tun hätten.

Am nächsten Tag teilt mir Kollegin B. kurz vor dem Meeting stolz mit, was sie herausgefunden habe: »Ein Käsestück hat sechs Ecken. Bei Weichkäse.« Ich muss weinen.

Tipps: Werden Sie Meeting-Kultur-botschafter

Besonders in Meetings treffen die unterschiedlichen Bedürfnisse der Kolleginnen und Kollegen aufeinander:

❱ sich selbst darstellen

❱ das Thema (konstruktiv) vorantreiben

❱ es einfach nur hinter sich bringen

Und deshalb arten Meetings auch immer mehr zu einem der größten Zeitfresser in unserem Arbeitsalltag aus. Rund 50 Prozent der Zeit, die wir in Besprechungen verbringen, ist sinnlos vertan, haben mehrere Studien belegt.[17] Grund genug, das ab sofort zu ändern. Allerdings werden Sie dies – leider – nicht allein schaffen. Holen Sie die Kolleginnen und Kollegen ins Boot, und etablieren Sie gemeinsam eine neue Meeting-Kultur. So klappt es:

❱ Sprechen Sie informell Kollegen an, ob Sie zusammen etwas gegen die Zeitfalle »Meetings« unternehmen wollen.

❱ Wenn Sie ein paar positive Rückmeldungen erhalten haben, regen Sie für das nächste Team-Treffen an, einen Rahmen für Meetings festzulegen.

❱ Hier ein paar Inspirationen für neue Regeln:

  • Am Meeting nimmt nur der teil, der vom Thema wirklich betroffen ist.

  • Teams schicken jeweils einen Vertreter, der im Anschluss die Kollegen kurz (!) über die Inhalte und Beschlüsse informiert.

  • kein Meeting ohne konkretes Ziel

  • kein Meeting ohne (kurze!) Tagesordnung

  • keine Entscheidungs-Meetings ohne die dazu notwendigen Entscheider

  • einen exakten Anfangs- und Endtermin setzen

  • »Stehungen« statt Sitzung (also im Stehen ohne Tisch und

Stühle sprechen, das ist gut geeignet für kurze Info-Meetings oder Fragerunden)

- Prinzipielle Redezeit pro Person festlegen und z. B. mit Count-Down-Zähler akustisch abklingeln oder mit witzigen Utensilien abwinken. Beispiel: Ein Unternehmen hat sich für die Meetings ein Stofftier zugelegt – einen bunten Stoffpapagei. Wann immer jetzt ein Teilnehmer zu lange labert, wirft ihm einer der Teilnehmer den Papagei zu. In der Regel wirkt es. Wer jetzt noch weiterreden will, muss konkret werden.

Früher fertig mit dem Meeting als geplant? Glückwunsch. Ziehen Sie Ihr Meeting nicht künstlich in die Länge, sondern trennen Sie sich früher. Alle werden sich über die »geschenkte« Zeit freuen!

Sorgen Sie mit einer neuen Denkweise auch dafür, dass allen Talente-Typen ausreichend Raum in den Meetings geboten wird. Die Möglichkeit, das Treffen mitzugestalten, ist nämlich schon ein Kriterium, ob wir Konferenzen als »sinnlos« oder »sinnvoll« erachten.

Kreative Chaoten neigen häufig dazu, ein Meeting zum Ideenspinnen und »Palavern« zu nutzen. Zum Leidwesen der logischen Ordner, die am liebsten stringent die Tagesordnung durchziehen und harte Fakten und Beschlüsse mitnehmen wollen. Sie gehen dann genervt aus einer ausschweifenden Sitzung und ärgern sich, weil nichts weiterging oder konkret beschlossen wurde. Sie regen sich über die Dampfplauderer auf, die nur viel heiße Luft von sich geben, und sind sauer, weil das Mittagessen ausfiel. Sie wollten Antworten auf die Fragen: Wie soll das gehen? Wer beweist, dass es Sinn macht? Woher stammen die Fakten? Sind die Quellen zuverlässig?

Die kreativen Chaoten hingegen freuen sich über die vielen neuen Ideen, die geboren sind, über die gute Atmosphäre, und gehen beschwingt an den Arbeitsplatz zurück. Das Meeting hat zwei Stunden länger gedauert? Egal, dafür gab es Kekse zur Stärkung, und man kann getrost die Mittagspause abhaken. Die Kreativen sind nur dann genervt, wenn über nebensächliche Details schwadroniert wird, wenn Zahlen heruntergeleiert und langweilige Präsentationen gehalten werden. Sie fragen sich: Wo ist das Neue? Warum sollen wir das machen? Was bringt es uns in der Zukunft? Aus welcher Quelle die Zahlen stammen und ob sie vertrauenswürdig sind? Egal – Hauptsache, es verspricht Potenzial für die Zukunft und klingt »sexy«.

Legen Sie daher im Team fest, wann welche Denkweise zum Zug kommt, und schaffen Sie damit Streit aus der Welt – wann sind Ideen-Konferenzen gefragt, wann geht es mehr ums Präsentieren? Denken und handeln Sie vielseitig.

➕ Sofort-Hilfe

Bullshit-Bingo

Alle Tipps helfen nicht? Dann versüßen Sie sich die langatmigen Besprechungen und spielen Sie mit einigen eingeweihten Kollegen »Bullshit-Bingo«.

So geht es:

➤ Fertigen Sie mehrere Karten mit Meeting-Phrasen an. Schreiben Sie dazu Ihre Lieblings-Wörter in die Vorlage.

➤ Lassen Sie jeden Mitspieler vor Beginn der Besprechung eine Karte ziehen.

➤ Sobald ein Begriff von Ihrer Karte fällt, streichen Sie das Wort durch.

➤ Gewonnen hat der Spieler, der als erster alle Begriffe von der Karte streichen konnte.

Beispiele: zielführend, Effizienz, innovativ, klug, Sinn machen, bilateral, Wording, Global Player, needs, Synergie, priorisieren, terminalisieren, finalisieren, gefixt …

Meeting-Bingo

	Sinn machen		priori-sieren	
Effizienz				klug
			Wor-ding	
		Synergie		
bilateral				innova-tiv
	zielfüh-rend			
			needs	

19. Grüß mich!

Es gibt Kollegen, die nie Hallo sagen. Lieber würden sie sich die Zunge abbeißen. Was hat man ihnen angetan?

Es könnte so schön mild sein, das Betriebsklima, wenn der Kollege »Ich-grüß-dich-nicht« ein wenig entspannter wäre. Und etwas höflicher. Oder einfach nur normal. Denn normal ist das nicht. Eigentlich herrscht im ganzen Unternehmen die Umgangsformel, dass immer und überall gegrüßt wird – sogar Leute aus anderen Abteilungen.

Wieso auch nicht, schließlich hübscht selbst das unverbindliche Lächeln eines Fremden einen trüben Montagmorgen auf. Doch manche bekommen ihre Zähne nicht auseinander, nicht einmal für ein gemurmeltes Hallo. Dabei wäre sogar ein geknurrtes Moin dem sozialen Miteinander zuträglich.

Stattdessen: kein Ton, nur lautes Schweigen.

Dieses wird begleitet von einem krampfhaften Starren zur Seite, dabei verrät die ganze Körpersprache: Kollege »Ich-grüß-dich-nicht« – nennen wir ihn aus datenschutzrechtlichen Gründen »X« – hat den anderen längst wahrgenommen. Er tut aber alles, um ihn das nicht merken zu lassen. Im Einheitsgrau des Teppichs muss Kollege X offenbar psychedelische Farben und Formen entdeckt haben, er gibt sich hypnotisiert, sein Blick ist vor seinen Fußspitzen festgefroren.

Kaum sichtbar zuckt er zusammen, und seine Haare stellen sich auf, als die Schallwellen meines Grußes im engen Flur auf ihn zubranden. Mit verkniffenem Mund lässt X mein »Guten Morgen« an einer Mauer der Ignoranz abprallen.

Hat Kollege X nicht richtig hingeguckt? Ist er taub oder ein extremer Morgenmuffel? Doch mittags grüßt er immer noch nicht. Er ist auch nicht stumm: Vorher in der Konferenz sprach er, sogar mit anderen Menschen. Doch beim nächsten Mal auf dem Weg zur Kaffeeküche wieder: verbissenes Wegschauen.

Sensible Immer-Grüßer wie mich beschleichen da Selbstzweifel: Was hat diese offensive Missachtung herausgefordert? Fiel ein falsches Wort, ganz ohne Absicht, wurde zu fies gelacht, obwohl gar nicht über ihn? Oder ist schon die bloße Anwesenheit Beleidigung genug? Jede einseitige Begegnung wird analysiert: Wieso sagt er nicht einfach kurz Hallo, statt im Aufzug an die Decke zu starren, weil die Wände verspiegelt sind und sich sonst ein Blickkontakt nicht vermeiden ließe?

Irgendwann halte ich es nicht mehr aus.

»Darf ich dich mal was fragen?« Der Verweigerer starrt entsetzt ein besonders großes Luftloch unter die Decke, die Aufzugfahrt dauert noch sechzehn Stockwerke, an ein Entkommen ist nicht zu denken. Er nickt, die Zähne knirschend zusammengebissen. »Warum grüßt du eigentlich nie?« Kollege X läuft rot an, schluckt, schnauft, stottert: Er grüße doch. Immer.

Kollegin B. aus derselben Abteilung johlt: »Ach was, das machst du doch nie!«

In den folgenden Wochen mutiert Kollege X zum schnellsten Guten-Morgen-Sager des Westflügels, keiner grüßt schneller als er. Dann kündigt er. Der soziale Druck war einfach zu groß.

Tipps: Nicht ärgern, es ist ein Schwede!

Grüßen ist in unserer Kultur ein Zeichen der Höflichkeit und zeigt, dass man den anderen wahrgenommen hat. Man sollte auch aus ganz egoistischen Gründen Benimm zeigen: Im beruflichen Kontext entscheiden Umgangsformen zunehmend über Ihren persönlichen Erfolg. Ob beim Networken oder im Kollegenkreis – das persönliche Auftreten hat sich in den vergangenen Jahren zu einem der wichtigsten Soft Skills entwickelt. Wer weiß, wie er sich wann benehmen soll, dem stehen mehr Türen offen als dem eigenbrötlerischen Rüpel. Und die Regeln im Miteinander sind doch ganz simpel – eigentlich:

❯ Wer einen anderen grüßt, sollte ihm auch die Hand geben und dabei unbedingt Augenkontakt halten. Ausnahme: Bei neutralen Kurz-Begegnungen auf dem Gang reichen Gruß und Zunicken.

❯ Den engsten Kollegen, mit denen Sie täglich zu tun haben, schütteln Sie nicht jeden Tag die Hände. Meister des sozialen Beziehungs-Kitts fragen am Morgen aber kurz nach Anknüpfungspunkten des Vortages, etwa, wenn der Kollege ins Kino wollte: »Na, wie war's?«

❯ Im Großraumbüro: Es grüßt der morgens Hereinkommende sowie der abends Feierabend machende Mitarbeiter die bereits oder noch anwesenden Kollegen. Winken kommt meist nicht an, da es gar nicht wahrgenommen wird – also verlieren Sie ruhig ein Wort zum Abschied.

❱ Haben Sie jemanden bereits begrüßt, reicht das für diesen Tag – wer weiter grüßt, wirkt eher ignorant: Ja, merkt der denn gar nicht, dass wir uns heute schon zum dritten Mal sehen? Wobei ein freundliches Lächeln bei der Begegnung auf dem Gang jedes Mal zum Wohlfühl-Klima beiträgt.

❱ Sie betreten ein fremdes Großraumbüro: Grüßen Sie die Anwesenden durch ein Kopfnicken oder dezentes Winken spätestens dann, sobald Sie von jemandem angesehen werden. Ein lautstarkes »Moin« in die Runde wird von vielen Berufstätigen als störend empfunden. Denn Sie sind ja nicht der Einzige, der heute hereinschneit.

Während besonders die Hanny Herzlichs ein ignorantes Nicht-Grüßen sehr schnell zu ernst nehmen (»Was habe ich dem denn getan?«), muss die fehlende Floskel jedoch überhaupt nicht persönlich gemeint sein. Viele Kollegen sind tatsächlich ein wenig »verstrahlt«, wenn sie über die Gänge schlurfen, und so in Gedanken, dass sie uns tatsächlich nicht wahrnehmen. Sehen Sie das Nicht-Grüßen deshalb nicht als Affront – wer weiß, was den anderen gerade beschäftigt.

Auch ich habe mich jahrelang geärgert, wenn Kollegen mich ignorierten. Oder ich bei Spaziergängen auf mein munteres, in Bayern übliches »Grüß Gott« von entgegenkommenden Menschen keine Antwort erhielt – was mich noch bis nach Hause verfolgte. Dann las ich, dass es ein typisch »nordisches Verhalten« gebe: In dunklen Wintern igeln sich die Schweden ein. Sie grüßen nicht und antworten auf Fragen höchst einsilbig.[18] Auch schauen die Schweden die Menschen nicht an – außer man will etwas von dem anderen oder spricht sowieso gerade miteinander. Das Vermeiden von Blickkontakt hat allerdings einen eigentlich wohlwollenden Hintergrund: Man will dem anderen nicht durch Anstarren zu nahe treten und ihm kein Unbehagen bereiten.

Seither denke ich mir immer, wenn ich nicht angeschaut oder zurückgegrüßt werde: Aha, ein Schwede!

 ## Sofort-Hilfe

Elchtest

Sie ärgern sich über nicht-grüßende Kollegen? Verpassen Sie ihnen gedanklich unseren Aufkleber.

Immer noch sauer? Dann malen Sie das Elch-Schild aus, das beruhigt.

20. Ruft! Nicht! An!

Im Büro privat telefonieren? Das machen doch alle.
Genau das ist das Problem.

Heute Morgen ging ich ins Büro und landete im Callcenter. Dauernd trillert, pfeift, tüdelüüt und posaunt ein Handy. Manchmal klingelt auch ein Telefon, aber nur wenn der Angerufene gerade mobil nicht erreichbar ist.

Die Privatgespräche sind in zweierlei Hinsicht problematisch: zum einen, weil die mühsam aufgebrachte Konzentration auf mäßig spannende Excel-Tabellen dahin ist. Alle anderen im Raum können einfach nicht weghören, selbst wenn sie es krampfhaft versuchen. Vielleicht würden hastig in die Ohren gestopfte Taschentücher helfen, aber das wäre optisch nicht vertretbar.

Zum anderen erfahren Kollegen so mehr über ihre Sitznachbarn, als ihnen lieb ist. Ich wollte nie von Kollegin T. wissen, welcher Schatzi-Mausi-Hasi-Putzi-Kosenamen gerade aktuell ist. Und wenn der biedere Kollege Z. in den Hörer gurrt, hmmmmjaaa, er freue sich auch schon auf den Abend – da entstehen Bilder im Kopf, die man nie sehen wollte.

Oder Arzttermine vereinbaren: Leider bietet kaum eine Praxis die wundervoll entspannte Online-Anmeldung. Damit der Patient nicht allein schon für das Telefonat einen halben Tag Urlaub nehmen muss, ruft er kurz von der Arbeit aus in der

Praxis an. Höfliche Kollegen entschuldigen sich vorher dafür und senken die Stimme zum kaum hörbaren Wispern. Andere werden erst leise, wenn von der Praxis Nachfragen kommen, Kollege B. etwa: »Nein, nicht zur Hautkrebs-Vorsorge. Ein Termin wie im vergangenen Monat … Ja, das ist mir schon klar, dass Sie nicht alle Termine von allen Patienten … Hören Sie, ich kann jetzt nicht … (*seufzt*) Zur Behandlung von Hautpilz … Das wissen Sie doch, welches Körperteil betroffen ist, ich kann jetzt wirklich nicht reden.«

Die Kollegen neben ihm tun so, als hätten sie nichts gehört, aber ihre Körperspannung und die Sagrotanfläschchen verraten sie.

Bei der Flucht in die Kaffeeküche kommt mir Kollegin R. entgegen, bekennende Tierfreundin. Sie hat Sorgenfalten auf der Stirn und ihr Handy am Ohr: »… wenn sie so bissig bleibt, ist doch kein Zusammenleben mehr möglich. Dann müssen wir uns ernsthaft überlegen, sie ins Heim zu geben.« »Probleme mit dem Hund?«, frage ich später. »Nein«, Kollegin R. ist leicht irritiert, »mit der Oma.«

Natürlich sind private Telefonate am Arbeitsplatz erlaubt, selbst wenn sie offiziell verboten sind. Wir sind ja keine Maschinen, die ihr Sozialleben um acht Uhr auf Standby stellen und erst um 17 Uhr erfahren, dass der Kater gestorben ist oder der Ehemann sich den Arm gebrochen hat. Oder dass das Kind tatsächlich eine Zwei in der Matheprobe geschafft hat statt der üblichen Vier bis Fünf – sonst platzt das Kind, wenn es nicht mal kurz anrufen darf, solche Neuigkeiten sind ja nicht auszuhalten (ganz anders, wenn es sich mit den Noten genau umgekehrt verhält).

Zwar hat sich dank diverser Messenger-Dienste die Zahl der Privattelefonate deutlich reduziert. Aber manche können es einfach nicht lassen, geschrieben ist ihnen nicht genug. Sie müssen offenbar die Stimme des anderen hören, um sich darauf verlassen zu können, dass es am Abend fettarmes Hähnchen auf Salat und nicht doch Pizza vom Lieferdienst gibt.

Also rufen sie Partnerin oder Lebensgefährten, Tochter oder Sohn, beste Freundin oder Mitbewohner mal eben schnell im Büro an. Zu jeder vollen Stunde, in Stresszeiten auch gern halbstündlich. Nur um mitzuteilen, dass die Wandfarbe Ockergelb vielleicht doch schöner sei als Zimtorange. Dass der Nachwuchs sich nun auch den zweiten Schuh allein anziehen könne. Dass sie an das Geburtstagsessen am Wochenende erinnern wollten, das sei ja schon in fünf Tagen. Oder dass sie Kopfschmerzen hätten.

Auch die Kollegen reiben sich die schmerzende Stirn, während gerade Kollege A. genervt ins Telefon zischt: »Ich habe dir doch gesagt, das hat Zeit bis später, ich sitze hier nicht allein, und … Natürlich will ich wissen, was bei euch los ist, aber doch nicht jetzt … Nein, ich habe nicht schon wieder schlechte Laune, bis gerade eben war ich sogar ganz gut … Ich leg jetzt auf.«

Kollege A. verlässt das Zimmer, um auf dem Flur um Fassung zu ringen und sich mental auf den wortkargen Feierabend einzustellen (»Du willst ja offenbar nicht mit mir reden!«). Da klingelt sein Telefon, schon wieder.

Ich gehe ran. »Sie rufen außerhalb der Gesprächszeiten an. Diese sind montags bis freitags von 17 bis 7 Uhr. Bitte hinterlassen Sie keine Nachricht.«

Tipps: Privates soll privat bleiben – fast immer

Rechtlich betrachtet ist die Lage ganz klar: Privates Telefonieren, Surfen im Internet oder Chatten über Messengerdienste, auch mit dem eigenen Handy, sind am Arbeitsplatz verboten. Auf dienstlichen Apparaten sowieso, außer es wurde dem Angestellten ausdrücklich gestattet. Denn wer mit Freunden oder Familie kommuniziert, begeht »Arbeitszeitbetrug«. Schließlich wird er nicht dafür bezahlt, sich privat zu verlustieren.

»Es gehört zu den selbstverständlichen Pflichten, dass Arbeitnehmer während der Arbeitszeit von der aktiven und passiven Benutzung des Handys absehen«, erklärte auch das Landesarbeitsgericht Rheinland-Pfalz (*Az. 6 TaBV 33/09*).[19] Allerdings ist eine moderate Nutzung der Mobile Devices in vielen Unternehmen geduldet, und erst bei zu intensiver Ablenkung droht eine Abmahnung.

Eine andere Sache ist dabei aber die Wirkung der privaten Kommunikation auf die Kollegen. Und hier liegt der Fehler doch gewaltig – ich sage es nicht gern, aber hier stimmt es – im System.

Trendige Büroarchitekturen, frei überblickbare Open-Space-Großräume, Rollcontainer statt fest zugewiesener Schreibtische für die Mitarbeiter: Davon versprechen sich Unternehmen mehr Produktivität, mehr Kommunikation, mehr Agilität, mehr Kreativität, mehr Team-Spirit, kurze Wege und – natürlich – weniger Kosten. Gut für die Beschäftigten ist das allerdings nicht.

Berufstätige leiden unter der fehlenden Abgrenzungsmöglichkeit und der damit einhergehenden Dauer-Beschallung. In Coaching-Seminaren nennen 100 (!) Prozent der Teilnehmer den ständigen Geräuschpegel am Arbeitsplatz als einen der größten Stressfaktoren.

Für die Introvertierten unter uns ist die permanente Verbal-Offensive auf Dauer echte körperliche und seelische Qual. Sie brauchen deutlich mehr Rückzugsmöglichkeiten, um in Ruhe gut arbeiten zu können. Und für Extrovertierte sind die Unterhaltungen und Gesprächsfetzen immer ein Impuls, der sie aus der Konzentration reißt. Denn extrovertierte Menschen haben Sinnesorgane wie ein riesiger Radarschirm. Selbst wenn am anderen Ende des Großraumbüros jemand versucht, leise zu telefonieren – ein Wort kommt an, und zack, sind wir aus der Arbeit gerissen.

Deshalb investieren nach und nach viele Unternehmen in neue Lösungen, um gesunde Arbeitsplätze zu schaffen und ein wirklich produktives, konzentriertes Klima zu gewährleisten. Sie richten (architektonisch sichtbar oder farblich markiert) Ruhezonen ein, bauen schallisolierte Denk-Zellen für ungestörtes Arbeiten, lockern mit Kommunikations-Inseln und Fun-Bereichen auf und versuchen, den echten Bedürfnissen der Mitarbeiter aus unterschiedlichen Generationen gerecht zu werden.

Sie leben nicht in so einem Paradies?

Dann hilft nur, im Team und gemeinsam mit den Vorgesetzten tragbare Zustände zu schaffen. Hier ein paar Ideen, wie andere Unternehmen und Teams für Ruhe am Arbeitsplatz sorgen, ohne groß umbauen zu müssen:

❱ Ein Start-up aus Berlin hat für alle Mitarbeiter Schallschutz-kopfhörer (»Mickey-Mäuse«) in den Firmenfarben angeschafft, die jeder tragen darf, um sich abzuschotten.

➤ Ein TV-Sender aus München hat in komplett schallschluckende Kopfhörer investiert (z. B. von Sennheiser, Bose), die einige Mitarbeiter an ihr Telefon angeschlossen haben, sodass dieses sogar nicht mal mehr »laut« klingelt.

➤ Ein Team eines Pharma-Unternehmens in Düsseldorf hat für das Großraumbüro »Flüsterstimme« verordnet: Gespräche sind nur in moderater Lautstärke erlaubt. Quer-durch-den-Raum-Rufen ist verboten.

➤ Für private (kurze!) Telefonate hat ein Mittelständler aus Köln eine echte Telefonzelle aus London schallisolieren lassen und an prominenter Stelle im Büro aufgestellt. Das dürfte zugleich die Zahl der Gespräche reduziert haben.

Weshalb Kollegen im Büro telefonieren

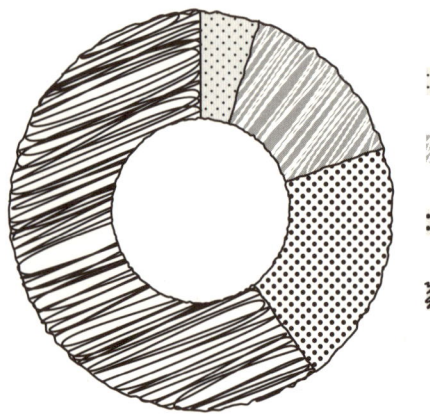

:: weil es ihre Arbeit erfordert

▨ weil es Ihre Partner einfordern

:: weil der Internet-Zugang gesperrt ist

▰ weil der andere kein WhatsApp hat

21. Dieses Lob ist pures Gift

»Toller Vortrag, hätte ich gar nicht erwartet ...« Wenn Kollegen Komplimente machen, freut man sich besser nicht zu früh.

»Gut siehst du aus heute! Irgendwie ganz anders als sonst.« Darüber freue ich mich – drei Sekunden lang. Dann ist Teil zwei des vergifteten Kompliments durch die Übersetzungsmaschine des Unterbewusstseins gelaufen, das nun aufgeregt ans Bewusstsein funkt: »He, der sagt, sonst siehst du furchtbar aus!«

Zwar meint nicht jeder ein zweischneidiges Kompliment so böse, wie es klingt. Erstaunlich viele Menschen machen sich erstaunlich wenig Gedanken, bevor sie ihre Worte wählen. Aber es gibt einige, die meinen es genau so: Die fiese Botschaft liegt im Subtext, sie soll wie Gift langsam einsickern und schmerzhaft wirken.

Ein falsches Lob gezielt eingesetzt, am besten vor Publikum, kann einem innerbetrieblichen Konkurrenten mehr schaden als die offene Konfrontation, bei der auch der Kritiker am Ende als Verlierer dastehen könnte. Wenn aber Kollege B. schwärmt: »Dein Vortrag war spannend, vielleicht ein bisschen lang«, denken der derart Gelobte und der Rest vom Team samt Chef: Was denn nun? Wäre der Vortrag wirklich mitreißend gewesen, wäre eine kleine Überlänge schließlich niemandem aufgefallen.

Das Dumme an vergifteten Komplimenten: Man kann

sich so schwer dagegen wehren. »War doch nur nett gemeint«, grummelt der üble Schmeichler, wenn er auf seine Aussage hingewiesen wird. Mit einem Unterton, der besagt: empfindliche Zicke!

Unter den Lob-Giftmischern gibt es unterschiedliche Typen: Der Neider ist zur Stelle, wenn echte Komplimente verteilt werden, aber eben nicht an ihn. Mit wohlplatzierten Spitzen lässt er das Lob platzen: »Ja, ein tolles Ergebnis – hätte ich gar nicht mehr daran geglaubt, so lange wie es gedauert hat.«

Lob mit Beigeschmack servieren auch die Arbeits-Abwälzer: »Du bist ein Organisations-Wunder – und du machst das einfach nebenbei. Bewundernswert! Wenn du die Planung übernimmst, erledige ich den Rest. Für dich ist das doch ein Klacks!« Wer sich einlullen lässt, plant natürlich nicht nur nebenbei. Die Früchte der Arbeit erntet der Abwälzer – genau wie das echte Lob des Chefs.

Leichter zu durchschauen, aber nicht weniger nervtötend ist der Sandwich-Taktierer: Er verpackt seine Kritik hamburgerbrötchen-weich in ein Lob vorne und hinten – und entwertet damit nicht nur das Kompliment, sondern auch den Gesprächspartner, den er auf Kleinkind-Niveau zurückschubst. »Toll, dass du so kreativ arbeitest. Aber es wäre schon schön, wenn die Präsentation eine einheitliche Formatierung hätte. Und Grafiken. Aber du bist ja so flexibel – das bekommst du sicher ganz schnell hin.« Sag doch gleich, dass es aussieht wie vom Grundschüler zusammengeklopft. Ohne elterliche Hilfe.

Der Profi-Kritiker hingegen verziert sein Genörgel mit so schönen Schleifen, dass den Gelobten erst viel später das ungute Gefühl beschleicht: Verflixt, da stimmt was nicht! »Ich finde es so erfrischend, wenn jemand mal nicht so auf Äußerlichkeiten fixiert ist.« Hm. Danke?

Manchmal macht auch der Tonfall die Musik:

»Ach, meine Lieblingskollegin!« heißt übersetzt: »Schön, dich zu sehen, genau jetzt brauche ich eine kurze Pause!«

»Ach. Meine Lieblingskollegin …« bedeutet: »Hau bloß ab!«

Das wahrhaft Gemeine an den giftigen Charmeuren ist, dass sie uns zu äußerst misstrauischen Büro-Zeitgenossen machen: Bei jedem Lob warten wir auf das große Aber. Statt uns zu freuen, suchen wir den Haken.

»Ich habe deinen Text gern gelesen.« »Aha.« »War echt gut.« »Aber? Haben Aspekte gefehlt? War die Argumentation nicht stimmig? Hast du Rechtschreibfehler gefunden? Jetzt spuck es schon aus!« …

Dieser Kollege erdreistet sich nicht mehr so schnell, mir ein Kompliment zu machen. Der unverschämte Kerl.

 ## Tipps: Abprallen lassen, ansprechen oder eigenes Verhalten ändern

Legen Sie auch jedes Wort der Kollegen auf die Goldwaage? Und hinterfragen alle Aussagen auf deren versteckte Bedeutung? Hören Sie auf damit!

Damit machen Sie lediglich sich selbst das Leben schwer.

Ja, manche lieben Kollegen fühlen sich einfach besser, wenn sie anderen einen »einschenken« können. Und sie werden es umso öfter und genussvoller tun, je mehr Sie darauf reagieren.

Folgende Ideen können Ihnen helfen:

❱ Trainieren Sie ab sofort, solche Aussagen bei sich ins Leere laufen zu lassen. Wenn der andere Sie nicht mehr treffen kann, dann wird es für ihn schnell langweilig.

❱ Versuchen Sie nicht, versteckte Angriffe (wenn es denn wirklich welche sind und nicht nur Ihre Wahrnehmung Ihnen das einreden will!) spontan zu retournieren. Der andere hat in der Regel seine boshaften Bemerkungen klug und langfristig geplant. Blicken Sie ihm mit geradem Rücken und selbstbewusst in die Augen – und machen Sie dann mit dem weiter, was Sie gerade tun. Das signalisiert, dass Sie sich nicht verstecken.

❱ Hören die Sticheleien vor den Augen und Ohren der anderen Kollegen oder Vorgesetzen überhaupt nicht auf, bitten Sie um ein Vier-Augen-Gespräch. Kommunizieren Sie dabei »gewaltfrei«, statt Vorwürfe zu machen: »Mir fällt auf, dass Sie mich vor versammelter Mannschaft kritisieren.« (Beobachtung) »Das ärgert mich …« (Gefühl) »… und ich wüsste gern, warum Sie das tun.« (Bedürfnis) Denn wer nicht lernt, auch mal die Krallen auszufahren, kann von Mitmenschen, die es darauf anlegen, schnell ausgenutzt werden. Durchbrechen Sie diese Machtspiele. Lernen Sie, sich selbst zu behaupten – dazu müssen Sie nicht selbst unfair und intrigant werden. Es reicht aus, das Spiel zu durchschauen und dies auch zu zeigen.

❱ Fragen Sie sich aber ebenfalls: »Welchen Anteil trage ich daran?« Ja, richtig gelesen. Denn in der Regel existiert eine Wechselwirkung zwischen uns und dem Verhalten der Kollegen.

Vielleicht halten Sie Ihr Gegenüber für einen Vollpfosten und arroganten Idioten. Achtung: Was Sie denken, strahlen Sie aus. Und dann werden die Menschen dem Bild, das wir uns von Ihnen machen, mit jedem Tag ähnlicher. Kennen Sie die »sich selbst erfüllende Prophezeiung«? Die Welt wird so, wie wir denken, dass sie ist. Und so verhalten sich andere Menschen entsprechend dem Bild und damit der Erwartung, die wir haben. Und darin liegt Ihre große Chance: Sehen Sie den anderen als netten, hilfsbereiten Menschen und behandeln Sie ihn mit Respekt – dann wird er sich auch Ihnen gegenüber so verhalten. Ihr positives Vorbild färbt auf Ihr Gegenüber ab. Der Grund: Die kognitive Dissonanz, den Widerspruch zwischen Ihrem und seinem Verhalten, können die anderen nicht lange aushalten. Rein psychologischer Mechanismus. Und schon begegnet auch der andere Ihnen respektvoller, freundlicher und kooperativer.

Wer hingegen merkt, dass Sie rein gar nichts von ihm halten, tritt früher oder später nach Ihnen. Unbewusst werden die »Doofköppe« trotzig. Das bedeutet jetzt nicht, dass Sie die besten Freunde werden müssen. Nein, was wir anstreben, ist ein zivilisierter Umgang, ein respektvolles Miteinander statt zerstörerischem Gegeneinander. Zum Vorteil aller: mehr Glücksmomente und weniger Frust am Arbeitsplatz.

Wer sich selbst klein fühlt, strahlt das auch aus. Und so vermitteln einige Menschen nach außen immerzu den Eindruck, dass sie alles schlucken und von ihnen mit Sicherheit keine Gegenwehr zu erwarten ist. Das fordert einige Zeitgenossen regelrecht zum »Spielen« auf. Doch auch schüchternste Menschen können lernen, selbstbewusst und autonom zu wirken – und damit dem respektlosen Verhalten einen Riegel vorzuschieben. Suchen Sie entsprechende

Bücher oder Seminare und trainieren Sie eine »gesunde Aggressivität«.

Vielleicht haben Sie sich (unbewusst) in die Rolle des kleinen, beschützenswerten Kindes begeben, das seinem Umfeld signalisiert: Hilf mir! Erklär mir die Welt! Das kommt häufig bei Menschen vor, die ihr Licht unter den Scheffel stellen und mit erlernter Hilflosigkeit den Beschützerinstinkt in den anderen wecken und so gut durchs Leben kommen. Bis es uns eines Tages reicht, (ungefragt?) Tipps zu bekommen. Ist dies bei Ihnen der Fall, verlassen Sie Ihr Kindchen-Schema. Treten Sie souverän auf, dann fühlen die anderen auch nicht mehr den Impuls, Ihnen Ratschläge geben zu wollen.

 **Sofort-Hilfe**

Magische Ritterrüstung

Legen Sie bei nervigen Kollegen eine magische Ritterrüstung an. Machen Sie dafür eine Kopie dieses Ritters, drucken Sie ein Bild Ihres Kopfes aus, und kleben Sie es auf das Visier.

Tackern Sie nun die komplette Ritterrüstung sorgfältig ab – und schaffen Sie sich damit einen stählern-silbernen Schutz gegen spitze Bemerkungen der »Geister« um Sie herum.

22. Das Verschwinden der Kugelschreiber

Offenbar hat sich im Büro ein Schwarzes Loch breitgemacht – wo sonst sollten all die Stifte, Kaffeetassen, ja sogar Stühle hinkommen?

Obwohl niemand meinen Schreibtisch leer nennen würde, scheint er noch Platz für ein Schwarzes Loch zu haben. Dieses dehnt seine Anziehungskraft offenbar auf sämtliche Gegenstände im Büro aus. Egal ob Textmarker (häufig), Kugelschreiber (sehr häufig) oder die Lieblingstasse (einmalig), immer wieder verschwinden Dinge auf mysteriöse Weise.

Gerade eben hatte ich den grünen Stift noch in der Hand, mit dem ich verbesserungswürdige Stellen im Text von Kollege W. anstreichen kann, ohne ihn an den Rotstift in der Schule zu erinnern. Doch kaum hat Kollege W. den Raum verlassen, dankbar ob der vielen konstruktiven Anmerkungen in Leuchtgrün, ist der Stift unauffindbar.

Weder ist er unter die Tastatur gerutscht noch hinter den Bildschirm, auch im Abfalleimer liegen nur Kaffeepappbecher. Ich mache mir eine Notiz in Signalrot, dass ich mir einen neuen Grünstift besorgen muss. Kollege W. hat das offenbar schon erledigt, in der nächsten Sitzung macht er munter grüne Notizen.

Als ich zurück in mein Zimmer komme, ist mein Stuhl verschwunden. Der mit der hohen Lehne, die sich in kleinsten

Stufen von der hochkonzentrierten Aufrecht- bis zur tiefen-philosophischen Liegeposition verstellen lässt. Armlehnen hat er auch, genau in der richtigen Höhe, wie ich Kollegin C. schon oft vorgeschwärmt habe, wenn sie wieder mal über ihr wackliges Auslaufmodell schimpfte (»Den haben wahrscheinlich schon die Kollegen in den Achtzigern ›Rückenpest‹ genannt!«).

Auf der Suche nach einer Sitzgelegenheit komme ich an C.s Zimmer vorbei und freue mich für sie: Offenbar hat sie endlich einen neuen Stuhl bekommen, ein halbes Jahr musste sie warten. Das steht mir wohl ebenfalls bevor: Ich finde auf dem Flur nur ein verlassenes Gestell mit durchgesessenen Polstern und lockerer Lehne, die auch noch quietscht. Aber irgendwo muss ich ja sitzen.

Zucker tröstet, doch beim Blick in die Süßigkeitenschüssel wirbelt mein verblüfftes »Hä?« nur Staubflöckchen auf. Leer. Habe ich gestern wirklich so viele Bonbons und Schokoriegel in mich hineingestopft, ohne es zu merken? Wie früher beim Rauchen, wenn man schon die nächste Zigarette im Mund hatte, ohne sie bewusst aus der Schachtel geklopft zu haben?

Um daher meinem Körper etwas Gutes zu tun, will ich heute wenigstens genug trinken. Doch die Wasserkaraffe: weg! Mein Glas: weg! Mein Post-it-Block mit der »Grünen-Stift-besorgen«-Notiz auf dem obersten Zettel: weg! Fassungslos lasse ich mich auf den Stuhl fallen. Ich habe vergessen, dass dieser nicht mein alter ist und tiefer als gedacht. Auch die Rückenlehne leistet keinen Widerstand. Im Umkippen sehe ich leere PC-Buchsen. Mein Kopfhörer: weg!

Nach einstündiger Suche habe ich das Schwarze Loch auf meinem Schreibtisch immer noch nicht gefunden. Eine weitere Stunde überlege ich angestrengt, wie ich nur in diesem Büro der verschwindenden Dinge zurechtkommen soll. Wenigstens stört mich heute mal nicht die sonst so laute Musik aus dem Nachbarzimmer in meiner Konzentration. Diese Stille ist so ungewohnt, dass sie auch ablenkt. Da kann ich gleich nachschauen, was dort drüben los ist.

Kollegin T.s Kopf wippt im Takt, sie trägt meinen Hörer. Ich erkenne ihn an dem Klebestreifen, mit dem ich die linke und rechte Hälfte mal wieder vereinte. Nun wird mir plötzlich alles klar. Mein Schwarzes Loch verschlingt offensichtlich nicht nur, es speit die vermissten Dinge in den Büros argloser Kollegen wieder aus! Das weiße Ende des Schwarzen Lochs sozusagen.

Ich stürme durch die Tür, Kollegin T. reißt sich den Hörer vom Kopf. Aufgeregt berichte ich ihr von meiner Erkenntnis, während ich ihr Büro nach dem Weißen Loch absuche. T. verspricht, mich zu informieren, wenn das Weiße Loch meine Habseligkeiten wieder bei ihr ausspuckt.

Eine Woche später bin ich gegen alle Unstimmigkeiten in Raum und Zeit gewappnet: Ich trage einen Rucksack mit integriertem Trinktornister. Außerdem habe ich mir eine Weste mit vielen Taschen zugelegt, geeignet für Fernwanderungen und Bürotage neben Schwarzen Löchern. In der Weste hat neben zwei Zettelblöcken, einem Lineal, einem Locher, 93 Kugelschreibern, 14 Markern und 25 Grünstiften auch noch ein Wunderwerk der Fahndungstechnik Platz: ein unsichtbares Markierungsspray samt UV-Lampe.

Alles, was ich nicht festdübeln oder -schrauben konnte, habe ich besprüht. Wenn das Schwarze Loch das nächste Mal mein Hab und Gut an andere verteilt, muss ich nur noch mit der UV-Lampe die Büros in zwanzig Stockwerken absuchen. Wahrscheinlich wollen bald alle Kollegen auch so eine UV-Lampe, denn … Moment … Wo zum Kuckuck … Ich habe sie doch nur kurz hier abgelegt, während ich das Markierungsspray von den Händen gewaschen habe.

Verflixt.

 ## Tipps: Wegsperren oder beschriften

Gott sei Dank kommen in der Realität unsere Sachen doch nicht ganz so häufig weg wie beschrieben. Die Ausnahme: die Kaffeeküche. Laut einer Umfrage des Jobportals Monster[20] haben 28 Prozent der Befragten schon einmal Mahlzeiten der Kollegen aus dem Bürokühlschrank gemopst. Mit fatalen Folgen. Denn dann gilt: Stulle um Stulle, Salat um Salat. Fast jeder zehnte Befragte, dessen Essen geklaut wurde, hat sich daraufhin mit den Mahlzeiten der Kollegen versorgt.

Haben Sie den Eindruck, dass Kollegen sich gezielt an Ihren Snacks oder Büromaterialien bedienen (und damit beispielsweise den Eigenbedarf für zu Hause decken), sollten Sie reagieren.

❱ Halten Sie Ihre eigenen Post-it-Blöcke, Textmarker und andere Materialien in Schubläden verschlossen.

❱ Markieren Sie Locher, Tacker, Kopfhörer, den Schreibtischstuhl farbig und/oder mit Ihren Initialen.

❱ Beschriften Sie Ihre mitgebrachten Lebensmittel. Dann kann zumindest niemand »versehentlich« Ihren Joghurt nehmen.

❱ Eine garantiert diebstahl-verhindernde Methode für Schreibgeräte empfiehlt der Comicstrip Dilbert: »Verteidigen Sie Ihre Kugelschreiber und Bleistifte, indem Sie während Konferenzen deutlich sichtbar darauf herumkauen. Ich habe festgestellt, dass Zahnspuren Diebstahl wirkungsvoll verhindern.«[21]

Wo Sie Ihren Stift wiederfinden

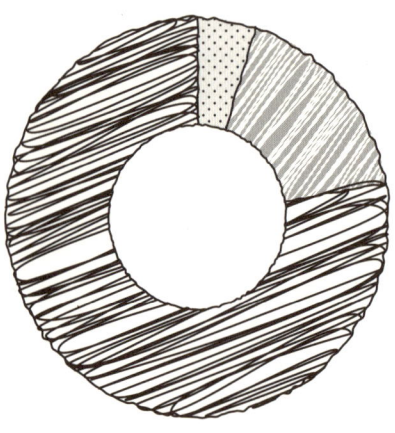

Auf Ihrem Schreibtisch, wo Sie ihn hingelegt haben.

Auf dem Schreibtisch Ihres Kollegen, der ihn schon wieder verschleppt hat.

In Ihrer Tasche, nachdem Sie Ihren Kollegen des Diebstahls beschuldigt haben.

23. FKK im Büro

Wenn die Temperatur steigt, werden Shirts, Hosen und Kleider der Kollegen knapper. Leider.

»Der Winter naht«, raunen die *Game of Thrones*-Helden mit finsterer Miene. »Schön wär's!«, rufe ich. Mit der Hitze draußen schmilzt im Büro das Stilempfinden dahin: Kollegen flipfloppen durch die Gänge, die Sonnenbrille im Haar und Meeresrauschen im Ohr.

Auch Sandalen geben den Blick frei auf zu viel Damen-Fuß (und immer öfter auch auf Herren-Fuß). Egal wie wohlgeformt die Zehen der Kollegen sind – selbst die von Heidi Klum wollten wir damals in der Katjes-Werbung lieber nicht in Nahaufnahme sehen. Die zwischen die Zehen gesteckten Süßigkeiten machten es nicht besser. Immerhin Letzteres ersparen uns die Anhänger von FKK (Fast-keine-Kleidung) im Team.

Zugemutet werden hingegen: zu wenig Stoff oben (der sehr tiefe Ausschnitt bei den Damen oder bei recht aufgeknöpften Herren) oder unten (das ungewollt bauchfreie Shirt bei den Herren und Minimalst-Röcke bei den Damen – hatten sie die im Winter nicht als Gürtel getragen?). Diese textile Sparsamkeit gepaart mit sonst wohlkaschierten Rundungen rauben im besten Fall die Konzentration und machen im schlechtesten Lust, das Mittagessen ausfallen zu lassen.

Dabei bietet ein Mehr an Kleidung umso tiefere Einblicke:

nicht auf Körperteile, sondern auf Job-Befindlichkeiten. Und manchmal sogar auf die künftige Rangordnung im Büro-Team.

Die weite Strickjacke von Kollegin G. signalisiert entweder: Ich fühle mich hier wie zu Hause, verlasse aber meine Schreibtisch-Komfortzone nur ungern, um mal richtig auf den Putz zu hauen. Oder aber: Hier hat schon wieder ein Frischluft-Fanatiker die Fenster aufgerissen.

Trägt jemand wie Kollege M. plötzlich einen Blazer oder ein Jackett über dem T-Shirt, heißt das: Vorsicht, ich bin fest entschlossen, Karriere zu machen. Ihr könnt mich schon mal Boss nennen. Oder aber: Ich glaube, ich bin seit Montag erwachsen.

Ersetzt dann ein Anzug samt Krawatte das Jackett, bedeutet dies: Ich habe gleich einen vielversprechenden Termin mit der Geschäftsführung. Oder aber: Ich habe nachher einen wenig aufbauenden Termin mit meiner Bank.

Wer wie Kollege B. lässig im Kapuzenpulli einläuft, zeigt: Ich bin der Praktikant und habe keine Ahnung von Konventionen. Oder: Ich bin der Chef, mir sind Konventionen egal. Und eine Krawatte trage ich nur im Karneval.

Turnschuhtypen zeigen deutlich: Ich bin fit genug, um auch Marathon-Projekte durchzuhalten. Oder aber: Ich kann mit hohen Absätzen nicht laufen und mir keine teuren Lederschuhe leisten.

Der große Vorteil dieser textil übermittelten Signale: Sie sorgen unter den Kollegen für ausreichend Gesprächsstoff. All diese wunderbaren Codes gehen jedoch verloren, wenn im Sommer der übertriebene Minimalismus beginnt, nur weil es in den Zimmern ein wenig heißer wird.

Daher, auch im Sinn vergnüglicher Mittagessen: Lasst den Winter kommen.

Tipps: Einen Dress-Code vereinbaren

Das Wichtigste vorab: Es gibt beim Dress-Code im Job kein pauschales »richtig« oder »falsch«. Wie wir passend angezogen sind, hängt stark von der Unternehmenskultur und den »gelebten« Vorgaben ab.

Und diese haben in den vergangenen Jahren eine Wandlung durchgemacht. Seit nunmehr siebzehn Jahren halte ich Seminare und Vorträge in Firmen aus unterschiedlichen Branchen und mit ebenso unterschiedlichen Kulturen. Galt früher im Banken- und Versicherungswesen bei Kundenkontakt für Männer striktes Anzug-und-Krawatten-Gebot und für Frauen Kostüm-Pflicht, so geben sich die Dienstleister heute kundennäher und verzichten auf allzu steife Garderobe. Wobei die klassischen Branchen wie Banken, Versicherungen, Juristerei immer noch eher konservativ und »hochgeschlossen« statt aufgeschlossen auftreten.

Nachvollziehbar, dass die Mitarbeiter einer Event-Agentur eher modisch-flippig unterwegs sein können – wenn es denn zu den Kunden passt. So habe ich mal eine Agentur geschult, die auf Luxus-Marken spezialisiert war. Alle Mitarbeiter kamen gestylt und top-modisch an. Kurze Zeit später schulte ich eine Event-Agentur mit Kunden aus dem Non-Profit-Bereich, alle Angestellten erschienen im »Shabby-Chic«, die Chefin inklusive.

Bei einem meiner Stammkunden – einem Lebensmittel-Discounter – gilt in der Unternehmenszentrale für alle Anzug- und Kostüm-Pflicht. Während bei einem Online-Portal für Luxus-Marken-Kleidung die Mitarbeiter äußerst leger und non-stylisch über die Fluren liefen.

Und das bedeutet: Wie tief Dekolletés sein dürfen, ob Sie

offene oder geschlossene Schuhe tragen, ob Turnschuh ein Zeichen von Coolness oder Sparzwang ist – dies alles dürfen Sie im Kontext Ihres Arbeitsplatzes bewerten. Und sich entsprechend kleiden.

Gibt es offizielle Regeln, macht das die morgendliche Entscheidung am Kleiderschrank natürlich einfacher. Ansonsten gilt: Kleiden Sie sich so, wie Sie sich wohlfühlen und wie Sie die Kollegen nicht vor den Kopf stoßen.

Zu viel Haut irritiert in der Regel, und der Blick auf (ungepflegte) Füße in Sandalen oder Flip-Flops wirkt nicht gerade sehr appetitlich. Wie kurz Hosen und Röcke sein dürfen – auch hier könnten klare Ansagen seitens der Vorgesetzten Konflikt-Potential beseitigen.

Sind Sie von unpassend gekleideten Kollegen massiv genervt, regen Sie im nächsten Team-Meeting doch mal einen Austausch über den bei Ihnen geltenden Dress-Code an. Und wenn Sie keinen haben, wäre das ein guter Anlass.

✚ Sofort-Hilfe

Schutzbrille oder Scheuklappen

Der Anblick Ihrer Kollegen ist und bleibt unerträglich? Basteln Sie sich aus Büromaterial Ihre F K K-Scheuklappen.

Sie brauchen:
Trennblätter aus festerem Karton, Schere, Locher, Klebestift, Tesafilm. Auf Wunsch: Deko-Material

Und so geht's:

❯ Übertragen Sie unsere Vorlage auf das Trennblatt.
❯ Schneiden Sie die Form aus.
❯ Lochen oder schneiden Sie zwei Löcher jeweils im Augenabstand in die Maske.
❯ Lochen Sie links und rechts, genau, ein Loch.
❯ Reißen Sie zweimal ca. vierzig Zentimeter Tesafilm ab und zwirbeln Sie ihn so, dass eine Art Schnur entsteht. Sie haben Paketschnur im Büro? Bingo! Nutzen Sie diese!
❯ Fädeln Sie diesen »Faden« durch das linke Loch der Maske, den anderen durch das rechte Loch.
❯ Verzieren Sie Ihre Maske je nach Geschmack mit Büroklammern, oder bemalen Sie sie mit kräftigen Farben.
❯ Maske vor die Augen halten, »Fäden« am Hinterkopf verknoten, fertig.
❯ Wer Scheuklappen bevorzugt, schneidet die Maske über der Nase ein, aber nicht durch (statt der Löcher für die Augen); dann jeweils nach links und rechts bis kurz vor die Löcher schnippeln, sodass ein etwa zwei Zentimeter breiter Stirnstreifen übrig bleibt und Halt gibt. Die so entstehenden Klappen knicken und aufstellen – schon sind Sie ganz auf Ihren Monitor fokussiert.

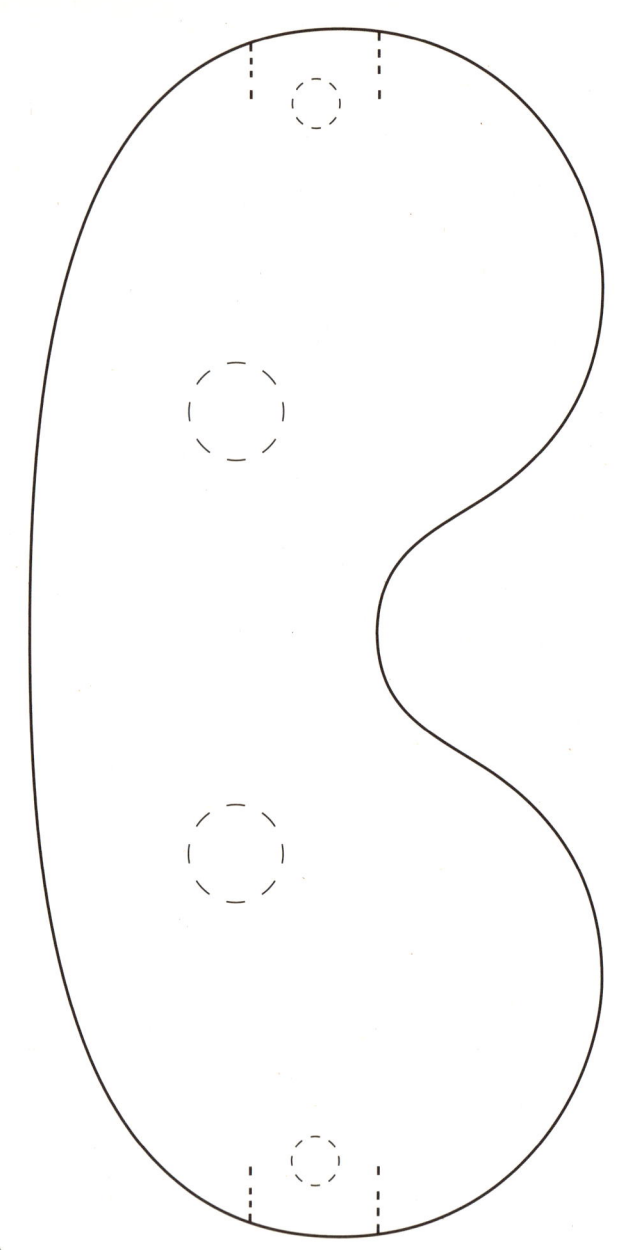

24. Nein, ihr passt nicht alle in den Fahrstuhl!

Rekordversuch zur Mittagszeit: Wie viele Menschen können sich in einen Aufzug quetschen, ohne dass es Verletzte gibt?

Aufzüge in Bürogebäuden sind von Small-Talk-Phobikern gefürchtet: Die Kabine bietet einige Stockwerke lang keinerlei Fluchtmöglichkeit. Noch nicht einmal eine Ecke, hinter der man sich verstecken könnte, geschweige denn eine Zimmerpflanze. Aber auch Klaustrophobikern und Freunden von Bewegungsfreiheit wird unwohl: Schon drei Personen sind zu viel für einen Wohlfühlabstand, doch immerhin bekommt noch jeder seine eigene Wand. Bei einem Fahrstuhlgast mehr muss sich dieser Gedanken um seine Position machen.

Am Morgen bin ich die Vierte, die einsteigt – nur der Platz an der Tür ist noch frei. Die drei Mitfahrer stehen schweigend und sind mir so unbekannt, dass sich kein Gesprächsthema aufdrängt. Das ist schade, denn so muss ich entscheiden, was unhöflicher ist: Dem Trio den Rücken und damit die kalte Schulter zeigen? Oder ihnen mein Gesicht zuwenden, was aber auf diese kurze Distanz aufdringlich bis offensiv wirkt. Es hat auch den Nachteil, dass ich mich im Spiegel sehen muss, der von einem kühlen Licht erleuchtet wird, das aus wohlgeschminkten Morgenmenschen ideale Komparsen für die *Nacht der lebenden Toten* macht.

Ich könnte die Treppe nehmen, gäbe es da nicht ein Problem: Mein Büro ist im zwanzigsten Stock. Das ist ein Vorteil beim Blick über die Stadt und ein Nachteil im Brandfall sowie beim Treppensteigen. Trotzdem habe ich es versucht – Bewegung bei der Arbeit ist ja gesund. Ab dem fünfzehnten Stockwerk hat es sich nicht mehr allzu gesund angefühlt. Und kurz, nachdem ich ins Büro fiel, öffneten die Kollegen vorwurfsvoll das Fenster, statt sich zu freuen, dass ich angekommen war.

Also Aufzug. Dieser wird zur Mittagessenszeit zur Herausforderung, wenn die Hungrigen ihre Schreibtische verlassen und sich in unterzuckerten Horden vor den Fahrstuhltüren versammeln. Dort warten sie schlecht gelaunt auf eine Kabine, die nicht schon übervoll ist. Die nächste ist nicht frei, da stehen schon wir drin, die Belegschaft des zwanzigsten Stocks. Schnell ziehen wir Kollege B. wieder herein, der sich beim Öffnen der Tür nicht rechtzeitig an Kollegin C. festgekrallt hatte und fast in den sechzehnten Stock gekippt wäre. Kollegin S. steht hinten links in der Ecke und stellt fest, dass Kollege G. offenbar ein Hohlkreuz hat, denn ihr Gesicht passt genau zwischen seine Schulterblätter.

Sie sieht nicht, dass sich Kollege G. nur so verbiegt, weil ihm sonst die Aktentasche des weitaus kleiner gewachsenen Kollegen P. ins Gesicht drücken würde, die dieser galant über den Kopf gehoben hat, damit Kollegin E. noch näher rücken kann: »Wir bekommen schon alle unter«, hatte P. zuversichtlich gerufen. Alle hinter ihm, die sich nicht einmal auf Betriebsfeiern so nahekommen wie jetzt im Aufzug, hatten da leise Zweifel.

Mein linkes Bein ist zwischen P. und G. eingeklemmt, weshalb ich meinen rechten Fuß nicht vom Schuh des Kollegen Z. nehmen kann, der dafür seinen Ellenbogen in meinem Bauch parkt. Ich zähle langsam bis zehn, schon bei acht kommt der

Spruch, heute von Kollegin C.: »Gut, dass es vor dem Mittagessen ist, mit vollem Bauch hätten wir nicht alle reingepasst.« Das Murmeltier grüßt nicht nur in den USA täglich.

Der Super-GAU tritt zwischen dem dreizehnten und zwölften Stockwerk ein. Manche Architekten lassen die dreizehnte Etage ja weg und machen gleich mit der vierzehnten weiter. Unserer nicht.

Der Aufzug sackt ein wenig ab, der Sauerstoffgehalt ebenfalls, weil elf Menschen erschrocken die Luft einsaugen. Die Fahrt stoppt. »Echt jetzt?«, entfährt es Kollege G. »Geht bestimmt gleich weiter«, beschwichtigt Kollege P. »Kommt jemand an den Notrufknopf?«, fragt Kollegin S. aus ihrer hinteren Ecke. »Darf ich?«, sagt Kollegin C., umarmt Kollege B. und tastet nach dem Alarmknopf. »Nimm mal die Arme hoch, sonst sieht sie ja gar nichts«, murrt Kollege G. »Wie denn?«, raunzt Kollege B. »Jetzt nicht die Nerven verlieren«, sagt Kollege P. »Schaut mal alle nach oben«, ruft Kollege Z. und macht ein Erinnerungsfoto, das er später posten wird. Wieso bekommt der eigentlich seinen Arm hoch? Die Stimmung war am Abgrund, jetzt kippt sie.

Zehn Minuten später fährt der Aufzug wieder. Allen kam es länger vor, viel länger. Nach dem Mittagessen treffen wir uns trotzdem wieder. Im Treppenhaus.

! Tipps: Gedanklich wegbeamen

Auch wenn Sie sich immer wieder wünschen, mit einem »Express-Knopf« ohne Zwischenhalt und allein durch die Fahrstuhlschächte zu sausen – für Normalos außer Rettungsdiensten und Wartungsleuten mit Sonderschlüssel ist das ein ferner Traum. Selbst wenn im Internet hartnäckig behauptet wird, mit einer bestimmten Knopf-Drück-Technik ginge das: Es ist eine Mär!

Also entweder stellen Sie sich mit einem Service-Techniker gut und lassen sich einen Schlüssel nachmachen. Oder Sie nutzen einfach die längere und kuschelig-enge Fahrt zum Socialising oder zum Träumen.

Bereiten Sie im Vorfeld Themen für mögliche Gespräche mit Kollegen und Vorgesetzen vor, die Sie dann schnell abrufen können, wenn Sie diejenigen zufällig treffen. Überlegen Sie sich,

❱ was Sie mit neuen Kollegen besprechen könnten, welchen Tipp Sie denen geben könnten, was Sie von ihnen erfahren möchten

❱ mit welcher Formulierung Sie Ihren Chef für ein neues Projekt ködern können

❱ mit wem Sie sich spontan zum Mittagessen verabreden wollen

Oder nutzen Sie die Zeit, um mental auf eine Südsee-Insel zu fliehen.

Wie viele Kollegen unterwegs in Ihren Aufzug einsteigen und unterwegs wieder aussteigen wollen

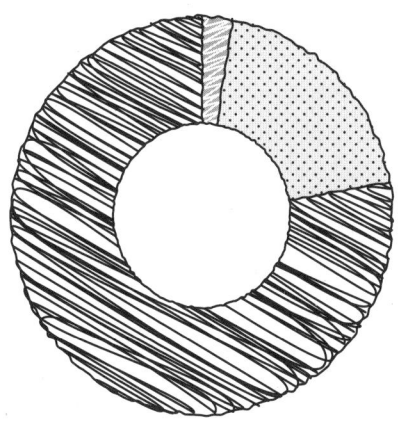

Wenn Sie es nicht eilig haben, in die Arbeit zu kommen

Wenn Sie schnell in die Mittagspause wollen

Wenn Sie es gerade noch rechtzeitig zur Konferenz geschafft hätten

25. Wir sind nicht zum Sitzen gemacht

Wer im Büro arbeitet, bräuchte den Großteil seines Lebens die Beine eigentlich gar nicht. Zum Glück reißen Konferenzen hin und wieder vom Hocker.

Im Job fehlt mir einfach das Stehvermögen. Ich kann nichts dafür, schuld ist das Computerzeitalter. Und meine Berufswahl.

Als Kellner, Bauarbeiter oder Eisbärenforscher wäre ich sicher froh um jede Minute, die ich im Sitzen verbringen dürfte. Doch zum Kellnern fehlen mir Geschick im Umgang mit mehr als einem Teller sowie das nötige Gedächtnis (»Waren Sie der Tisch mit den drei Bier, zwei großen Schorlen und einer kleinen Limo? Ach, Sie wollten Sekt …«); allein beim Anblick einer Baustelle verlässt mich die Kraft, und bei den Eisbären ist es mir trotz Klimawandel noch zu kalt. Hat der Nordpol dereinst eine angenehme Arbeitsplatz-Wärme, ist das Objekt meiner Studien längst untergegangen. Also doch Schreibtisch.

Der Nachteil: Nur in den Anfangsminuten ist meine Haltung aufrecht und rückenschonend. (Wahrscheinlich sind es nur Sekunden, aber da mache ich mir gern etwas vor.) Dann lassen sich die Schultern hängen, die Bauchmuskeln machen auch gleich mit. Mein Kinn nähert sich Tischkanten-Niveau, was sich ungut auf den Nacken auswirkt, der den Kopf verkrampft aushalten muss. Dafür ist mein Hals überdehnt. Sonst sehe ich nicht mehr, was ich schreibe.

Zum Glück ist Zeit für die Nachmittagskonferenz – am Arbeitsplatz soll man sich ja regelmäßig bewegen. Ich lasse mich seitlich aus dem Stuhl fallen und warte, bis das Blut stichelnd in die Füße zurückgekehrt ist. Da haben die drückende Sitzkante und die übereinandergeschlagenen Beine wieder bestens zusammengearbeitet.

Ich bin spät dran, Kollege C. zieht sich schon an der Türklinke hoch und tastet sich an der Flurwand zum Aufzug vor. Seit er mit dem Auto statt mit dem Rad kommt, hat er deutlich abgebaut. Kollegin B. überholt ihn mit einem unverhohlen hämischen Grinsen. Sie rollt seit Neuestem mit ihrem Bürostuhl bis zur Aufzugtür.

Die so gesparte Geh-Energie macht sie übermütig. Die enge Kurve zum Aufzug nimmt sie zu schwungvoll, der Stuhl kippt zur einen Seite, B. wirft sich auf die andere, schwankt, schreit, Kollege C. rutscht vor Schreck an der Flurwand ab, ich krieche die fehlenden Zentimeter bis zur Tür, um nichts zu verpassen …

Kollege S. reißt seine Tür auf, ist mit einem Satz bei Kollegin B. und fängt sie kurz vor dem Boden auf. »Alles in Ordnung?«, fragt er. »Es geht schon«, knurrt B. und lässt sich – ihren Worten zum Trotz – zurück auf den Stuhl fallen, den S. behände aufgerichtet hat.

Seit S. einen verstellbaren Stehschreibtisch hat, nervt er alle mit seiner penetranten Beweglichkeit. Er nimmt sogar die Treppe. Wahrscheinlich fährt er im Urlaub an den Nordpol. Eisbären beobachten.

Tipps: Mini-Bewegungen einbauen

Mediziner, Arbeitsplatz-Beauftragte und Physiotherapeuten träufeln es uns seit Jahrzehnten ins Ohr: Besonders die Büro-Arbeiter bewegen sich zu wenig! Und das zieht massive gesundheitliche Probleme sowie Milliarden-Verluste aufgrund ausfallender Arbeitskräfte nach sich.

Der durchschnittliche Erwachsene verbringt 50 bis 70 Prozent seiner Zeit auf einem Stuhl, haben Forscher festgestellt.[22] Zu viel! Dabei würden bereits dreißig Minuten Bewegung pro Tag ausreichen, um das viele Sitzen auszugleichen und uns gesund und fit zu halten. Und damit ist gar nicht mal »Sport treiben« gemeint. Nein, sich mehrmals am Tag aktiv bewegen (z. B. dreimal zehn Minuten) senke das Risiko, krank zu werden, und zwar wesentlich.

Keine Zeit? Die Ausrede gilt nicht! Denn Sie können ganz einfach kleine Mini-Bewegungspausen in den Alltag einbauen. Ohne zusätzlichen Zeitaufwand.

❱ Nutzen Sie die Treppe statt den Aufzug. Deponieren Sie ein Deo am Arbeitsplatz, wenn Sie im zwanzigsten Stock arbeiten … Oder gehen Sie zumindest fünf Stockwerke zu Fuß.

❱ Nehmen Sie Treppen statt Rolltreppen.

❱ Gehen Sie ruhig mehrmals hintereinander zum zentralen Drucker. Das ist zwar nicht effizient, aber bringt Sie ins Gehen.

❱ Steigen Sie auf dem Heimweg eine U-Bahnstation früher aus als nötig, und gehen Sie zügig nach Hause.

❱ Nutzen Sie öffentliche Verkehrsmittel statt das eigene Auto. Eine Studie zeigte, dass Bus- und Bahnnutzer im Schnitt 3 Kilogramm (Männer) beziehungsweise 2,5 Kilo (Frauen) leichter waren als die PKW-Nutzer.[23]

❱ Erledigen Sie kleinere Besorgungen mit dem Fahrrad.

❱ Drehen Sie nach dem Abendessen eine Runde, ganz entspannt, falls Ihnen Joggen ein Graus ist.

❱ Nehmen Sie sich am Wochenende bewusst Bewegungs-Aktivitäten, beispielsweise mit Freunden, vor.

Sofort-Hilfe

Papierflieger

Basteln Sie sich einen Papierflieger, und werfen Sie ihn fünfmal täglich durchs Büro.

Werfen. Bücken. Aufheben. Werfen.

Kontern Sie böse Blicke und Anmerkungen der Kollegen mit: »Der Arzt hat mir Bewegung verordnet!« Vielleicht will auch jemand mitmachen, ein Wettrennen zum Flieger spornt an.

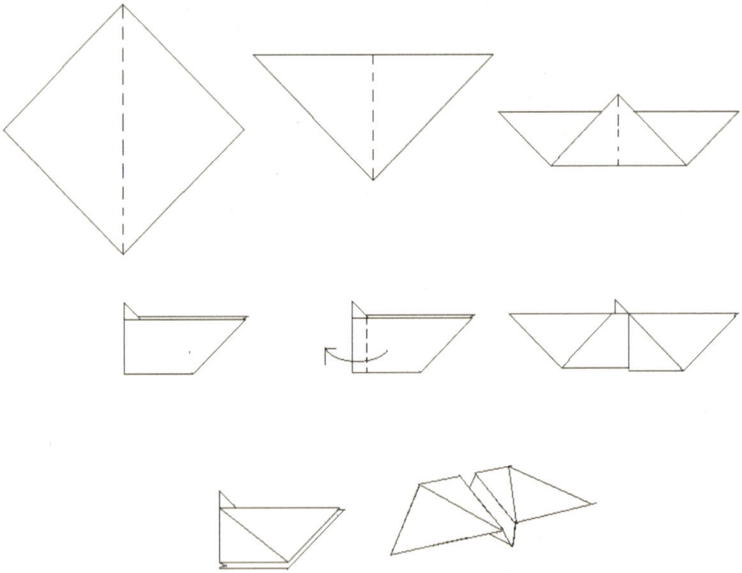

26. Wie ich mein Passwort vergaß und zum Büro-Phantom wurde

Die Arbeitswelt ist mit Dutzenden Passwörtern vor Eindringlingen geschützt – leider sperren sich auch vergessliche Mitarbeiter aus.

Es ist 8:23 Uhr, als ich aufhöre, für meine Firma zu existieren. Wegen meines neuen Passworts.

Schon für Normalgedächtnis-Begabte ist es eine Herausforderung, sich zusätzlich zu den privaten PINs und Zugangscodes auch noch die 14 bis 65 Passwörter zu merken, die man im Büro benötigt. Weil auch digitale Piraten die Herausforderung lieben, dürfen diese Passwörter nicht aus einem einzigen Begriff oder gar aus dem Vor- und Nachnamen bestehen. Auch das eigene Geburtsdatum oder das des Kindes ist verpönt: viel zu einfach! Nicht einmal 123456 wird geduldet. Alles, was leicht zu merken wäre, scheidet aus.

Stattdessen: Sonderzeichen! Groß- und Kleinschreibung! Zahlen, möglichst vorne, hinten und in der Mitte! Da braucht man nicht nur eine Eselsbrücke, sondern ein ganzes brückenreiches Esels-Amsterdam, um die Passwörter zu memorieren. War der Zugang zur Mail nun »?Xy!zb&sz«? Oder doch »!zb?xy&Sz«?

Kollegin A. hat mir verraten, dass sie für ihre psychische Hygiene und Ausgeglichenheit dazu übergegangen sei, nur noch Beschimpfungen als Passwörter zu verwenden: Sie melde sich morgens vergnügt mit »Verflixter!Dreckskasten!Hoch3« an.

Während ich mal wieder nach dem richtigen Dreh bei den Sonderzeichen suche, ist mir auch nach Schimpfen zumute. Ich beschließe, mein Zugangspasswort zu ändern: mein Sesam-öffne-Dich für den PC. Ich wähle eine besonders prägnante Tirade, damit ich sie nicht vergesse: Ich gehöre zu den unterdurchschnittlich Gedächtnis-Begabten. Aber wer könnte ein schönes Konstrukt wie »Vermaledeiter!Flimmer123kasten!« je vergessen?

Ich. Nach fünf Minuten.

Diese schlechte Erfahrung mit mir habe ich leider schon öfter gemacht. Wichtige Dokumente etwa, die ich immer wieder, aber nicht regelmäßig benötige, räume ich an einen Platz, von dem ich überzeugt bin: Wenn ich meinen Impfpass brauche, schaue ich garantiert als Erstes hier nach. Suche ich meinen Impfpass dann Jahre später, erinnere ich mich leider nur noch an Teil eins des Gedankens: Er liegt an einem Ort, an dem ich garantiert zuerst nachsehen würde. Welcher das gewesen sein soll, ist mir leider entfallen.

Ähnlich ist es mit Passwörtern. Ich komme nicht mehr ins System, dafür aber ins Schwitzen. Es war doch »Flimmerkasten!123Verflixter!« … oder doch »Verfluchtes!Netzwerk321!«? Nach einer Viertelstunde und fünfhundertdreiundneunzig Fehlversuchen gebe ich auf und rufe die Hotline an. Der Mitarbeiter ist gut geschult und kommentiert mein Scheitern nicht, nur die Pause nach meiner Erklärung ist einen Tick zu lang. Muss er sich seinen Teil so laut denken?

Natürlich könne er mein Passwort zurücksetzen, sagt er, ich müsse ihm dafür nur mein Geburtsdatum verraten. »Nichts leichter als das«, sage ich beschwingt, denn dieses gehört zu den wenigen Zahlenkombinationen, die ich nicht vergesse. Dachte ich.

»Nein, das ist nicht Ihr Geburtsdatum«, sagt der Technik-Hotliner. Mir wird heiß: »Aber ich habe nur einen Geburtstag!«, rufe ich. Eigentlich, so erfahre ich, bin ich Anfang Januar 1800 geboren. Das ist noch jenseits von uncharmant.

Nun soll ich meine Personalnummer nennen, doch ohne Zugang zum Computer weiß ich die natürlich nicht. Wie soll eine über 200-Jährige sich diese merken können?

Der Hotliner bewahrt die Nerven und fragt nach den Namen der Vorgesetzten. Endlich mal keine Ziffern, doch: »Nein, für diese Leute arbeiten Sie nicht.« Ich schweige fassungslos, sodass ich hören kann, wie der Techniker eifrig tippt. Wahrscheinlich einen Warnhinweis hinter meinen Namen: »Analoger Hacker: Stellt sich dumm und versucht so, ins System einzudringen! Äußerste Vorsicht!«

Bevor der Sicherheitsdienst eintrifft, fliehe ich von meinem Platz. Aus dem Telefonhörer dringt noch die Stimme des Technikers: »Die Sekretärin soll bestätigen, dass Sie hier wirklich arbeiten ...« Aber die Sekretärin ist im Langzeiturlaub.

Nun drücke ich mich schon seit zwei Wochen in stille Ecken, verberge mich hinter Mauervorsprüngen, ein Phantom des Büroflurs. Sobald ein Kollege zum Drucker oder woandershin muss, hechte ich an seinen Rechner und schreibe ein paar Zeilen. Die Arbeit muss doch gemacht werden! Welchen Beweis hätte ich sonst noch, dass es mich gibt und ich hier wirklich ganz legal ...

Oh, ich muss Schluss machen – Mittagspause ist vorbei, die Kollegen kommen zu...

❗ Tipps: Passwort-Shaker

Geht es Ihnen auch immer wieder so, dass Sie regelrecht »Passwort-Pickel« bekommen? Jeder Dienst im Internet verlangt seine eigene Anmeldung, jede Anwendung im Job eine eigene Kennung. Und die sollen wir uns alle merken. Ja, es gibt mittlerweile Anbieter, die »Passwort-Safes« anbieten. Oder auch gleich die Logins automatisch ausfüllen. Ihnen ist das zu unsicher? Hier ein paar Ideen, wie Sie ein sicheres Passwort finden. Und es sich vor allem auch merken.

❱ Denken Sie sich bitte zunächst einen Satz aus wie: »In München steht ein Hofbräuhaus.«

❱ Geben Sie den Satz nun in Ihren »PIN-Shaker«, und schütteln Sie Buchstaben heraus. Nehmen Sie z. B. immer nur die ersten (oder zweiten …) Buchstaben von jedem Wort. Bitte merken Sie sich unbedingt, welchen Sie nehmen, und reihen Sie die Buchstaben aneinander. In unserem Beispiel erhalten Sie mit den ersten Buchstaben aus unserem Satz »imseh«.

Nun tauschen Sie einige wenige (!) Buchstaben durch Zahlen und Sonderzeichen aus, z .B. das »i« durch ein »!« (sieht immerhin aus wie ein i, das Kopfstand macht) oder »s« durch die »3« oder »$«.

Legen Sie jetzt noch fest, dass immer der zweite Buchstabe großgeschrieben wird, und schon haben Sie eine hübsche Mischung »!M$eh« sowie ein sehr sicheres Grund-Passwort.

Benötigen Sie das Passwort, müssen Sie sich also nur an Ihren Satz erinnern und an die drei Ausnahmen. Das dürfte zu schaffen sein. Wichtig dabei ist nur, dass Sie beim nächsten Passwort nicht wieder kreativ sein wollen und diesmal den zweiten Buchstaben aus Ihrem Satz nehmen. Denn dann wird es verwirrend und bald wieder zu rätselhaft!

Ergänzen Sie jetzt noch das Grund-Passwort je nach Dienst oder Gerät.

Hängen Sie z. B. ein Kürzel an Ihr persönliches Passwort an, oder stellen Sie es vorweg.

❱ Auch hier ist wichtig: Bitte entscheiden Sie sich für eine Variante (anhängen oder voranstellen).

❱ Legen Sie fest, ob Sie lediglich den ersten Buchstaben als Kürzel nehmen oder jeweils pro Silbe.

❱ Entscheiden Sie, ob Sie den Anhang an Ihr Grundpasswort prinzipiell großschreiben oder stets klein: »PP« für »Paypal« oder »b« für Ihre Bankdaten.

Katjas PC ergäbe bei uns also beispielsweise »!M$ehPC«.

Verwenden Sie auch hier immer dasselbe Schema – sollten Sie das Kürzel vergessen, können Sie es sich aus dem Namen des Anbieters oder des Gerätes erschließen. Und zügeln Sie Ihre Kreativität, wenn Sie neue Passwörter brauchen! Nur wenn Sie sich an Ihr System halten, kann es funktionieren.

Und was machen wir, wenn der eine Dienst ein Sonderzeichen erfordert, der andere Zugang aber auf keinen Fall eines enthalten darf? Wenn der Anbieter mindestens einen Buchstaben in Großschreibung verlangt, der andere auf kleinen Buchstaben besteht? Aber wir genau das beim Login nicht mehr wissen? Wenn der eine Dienst mindestens acht Zeichen braucht, der andere aber maximal sechs Zeichen akzeptiert?

Für diesen Fall können Sie das Grundpasswort unverändert lassen und die Eigenheiten des Anbieters erst in der Erweiterung einbauen. Also z. B. »imseh#PP« oder »imseh#pp« oder »imsehpp«. Ja, liebe Datenschützer, das ist jetzt nicht mehr sooooo sicher – aber allemal besser als »BELLO« oder der Name der Freundin.

 **Sofort-Hilfe**

Notizen in Geheimtinte

Ja, wir wissen es – wir sollen unsere Passwörter nicht aufschreiben.

❱ Aber mit Geheim-Tinte kann es ja keiner lesen …

❱ Besorgen Sie sich eine Zitrone, und pressen Sie sie aus.

❱ Verdünnen Sie den Saft mit ein wenig Wasser.

❱ Tunken Sie ein Wattestäbchen in die »Tinte«, und schreiben Sie Ihre Passwörter auf ein Blatt Papier. Sobald die Flüssigkeit trocknet, ist die Schrift verschwunden.

❱ Sie fahnden nach einem Passwort?

❱ Halten Sie das Blatt gegen eine hell leuchtende Glühbirne.

❱ Et voilà …

PS: Gern können Sie auch den freien Raum hier auf dieser Seite nutzen – aber das ist vielleicht nicht so ganz zielführend.

27. Kollegenschwein mit fremden Federn

Manche Kollegen sind faul und fies: Erst lassen sie die anderen schuften, dann sacken sie den Lohn für die Mühen ein.

Wäre Kollege G. ein Hahn, würde er sich mit Pfauenfedern schmücken. Und die Pfauen zerrupft hinter sich lassen auf seinem Weg die Hühnerleiter hinauf nach ganz oben. Herr G. ist ein Kollegenschwein und eine Rampensau noch dazu, um im Zoologischen zu bleiben. Er stiehlt Lob, Komplimente und Anerkennung. Nur wenn der Chef tadelt, will er es nicht gewesen sein.

Da ist er dann so zurückhaltend, beinahe unsichtbar, wie er es in der Arbeitsphase des Projekts war. Bei der Planung wirkte G. zwar recht aktiv, schließlich fiel diese noch in den Aufmerksamkeitsradar des Chefs. Kollege G. tat sich dabei mit seinen Lieblingseinwürfen »da müsste man doch ...«, »man sollte dringend ...« und »auf keinen Fall darf man vergessen ...« hervor. Allerdings ist nicht nur mir seit langem klar: Mit »man« meint Kollege G. nie sich selbst.

Nur der Chef blinzelt weiter beeindruckt in die verbalen Blendraketen, die G. in einem guten Licht dastehen lassen. Der Chef denkt: Kollege G. wuppt das Projekt, ich weiß es in den besten Händen! Das Team denkt: Begegne du mir mal allein in der dunklen Kaffeeküche!

Denn G. schafft es immer wieder, alle anderen in den Schatten zu stellen, obwohl sie die ganze Arbeit leisten. Also nutze ich die Präsenz der Führungskraft, um G. dieses Mal auf eine Aufgabe festzunageln: Ob er also sein gerade vorgeschlagenes, aber schwer umsetzbares »man sollte dringend« übernehme?

»Würde ich wirklich sehr gern«, erdreistet sich G. zu sagen, ohne Erröten oder plötzliches Längenwachstum der Nase. Nur leider, leider müsse er ja die Planung für das andere Projekt des Chefs noch ausarbeiten. Wenn er damit aber durch sei …

Später erfahre ich, dass er diese Planung da längst auf die neue und noch unerfahrene Mitarbeiterin C. abgewälzt hatte, die gute Seele, die seine honigsüßen Sprüche noch nicht durchschaut hat (»Du würdest mir wirklich aus der Klemme helfen, ich wäre dir ewig dankbar. Ewig!«). Sie wird schon bald merken, dass diese Ewigkeit bei G. tatsächlich kein Anfang und kein Ende hat – es gibt sie gar nicht. In der Regel vergisst er zu erwähnen, wenn er dem Chef die fertige Planung überreicht, dass er das Ergebnis lediglich ausgedruckt, gelocht und in eine ansehnliche Mappe gehüllt hat.

Auch während der Realisierungsphase des Team-Projekts verschwindet Kollege G. in der Versenkung. Er ist höchstens als flüchtiger Schatten auf dem Flur wahrnehmbar, der sich in die Ecken und vor der Arbeit drückt. Außer der Chef naht, dann springt G. wie ein Schachtelteufel aus seinem Büro, eifrig in Unterlagen blätternd, die sich bei genauerem Hinsehen als Ausdruck seiner aktuellen Aktienkurse entpuppt hätten.

Erst kurz vor der Präsentation meldet sich G. wundersamerweise von ganz allein beim Team: Wir werden misstrauisch, als er sich anbietet, das Skript noch mal auf Fehler durchzusehen. Aber wir sind unaufmerksam, da erschöpft. Schließlich haben wir in letzter Zeit hart gearbeitet. Das Ergebnis kann sich sehen lassen, findet offenbar auch G.

Wir stehen im betriebseigenen Theater namens Konferenzraum, um gemeinsam unser Teamwork vorzustellen nach dem Motto: geteilte Arbeit, geteiltes Lob. Doch schon nach drei Sätzen geht etwas gewaltig schief: Kollege G. tritt vor, zentriert das Scheinwerferlicht auf sich und spricht souverän von gefährlichen Klippen, die er zu umschiffen hatte, von Untiefen, die ihn beinahe aufhielten, und von hohem Seegang, dem er trotzte.

Es klingt fast, als wäre er dabei gewesen. Als Kapitän, nicht als blinder Passagier.

Wir sind fassungs- und leider auch sprachlos. Der Chef ist begeistert: »Dieser G., ein Teufelskerl, wie der das immer wieder hinbekommt!« Gönnerhaft nickt er ihm zu. Und mustert kritisch den reglosen Rest vom Team, der sich da so lethargisch im Hintergrund hält und ungläubig blinzelt. Was machen eigentlich die den ganzen Tag, während G. schuftet?

 ## Tipps: Selbstmarketing betreiben und Blender entlarven

Der Blender ist einer der nervigsten Kollegentypen. Nicht nur, weil er meist die Anerkennung bekommt, die eigentlich andere verdienen. Sondern weil Blender auch häufiger befördert werden, mehr Gehalt oder die spannendsten Projekte erhalten.

Längst hat es sich im Büro-Alltag gezeigt: Image und Auftreten sind die Karriere-Turbos. Und vielleicht haben sich so manche Blender eine (angeblich von IBM durchgeführte) Studie zu arg zu Herzen genommen. In der Weiterbildungs-Literatur kursiert diese Erhebung, nach der unsere tatsächliche Leistung lediglich zu 10 Prozent über unseren Erfolg entscheide. 30 Prozent beruhten auf Image und Selbstdarstellung, und bis zu 60 Prozent hingen von Kontakten und Beziehungen ab. Allerdings konnte diese Studie trotz hartnäckiger Recherche von mir nicht im Original gefunden werden, und die Gültigkeit in dieser Absolutheit kann getrost angezweifelt werden: Wer dauerhaft nur eine zehnprozentige Leistung erbringt, ist bald weg vom Fenster – oder muss früh genug und immer wieder den Job wechseln, damit die fehlende Performance gar nicht erst auffällt.

Was hingegen stimmt: Wenn Sie zu 100 Prozent gut arbeiten (oder fast, niemand ist perfekt), können Ihnen ein passendes Selbstmarketing und eine gelungene Selbstdarstellung neue Türen öffnen. Wer sich darüber aber keine Gedanken macht, wird vielleicht vom Chef übersehen.

Es geht also in erster Linie nicht darum, den Blendern das Handwerk zu legen – sondern Ihre eigene Leistung sichtbar zu machen: Deutlich zu zeigen, was Sie machen und welche Resultate auf Ihrem Engagement beruhen.

Für etliche Menschen ist das eine schwierige Übung. Denn viele – und nicht nur Frauen – sind zu Bescheidenheit erzogen und stellen ihr Licht unter den Scheffel.

Schluss damit! Richten Sie den Scheinwerfer auf Ihre Leistung. Damit tun Sie sich einen Gefallen – und entmachten automatisch die Blender in Ihrem Umfeld.

Für introvertierte Menschen gibt es dabei genauso Strategien wie für Extrovertierte.

Hier ein paar Ideen:

❯ Übernehmen Sie in jedem Fall die Präsentation eines Projektes selbst – auch wenn Sie nicht gern vor anderen Menschen reden. Springen Sie über Ihren Schatten. Lernen Sie die Grundlagen eines guten Vortrags und wachsen Sie durch Ihr Tun.

❱ Trainieren Sie ein souveränes und selbstbewusstes Auftreten: Feste Stimme, sicherer Gang oder Stand, solider Händedruck, Augenkontakt beim Begrüßen oder Reden – das sind ein paar simple, aber effektive Wirk-Werkzeuge. Wer sicher wirkt, wird von Blendern nicht so einfach ausgenutzt. Vielleicht hilft Ihnen die Vorstellung, den selbstbewussten Mitarbeiter zu mimen – schlüpfen Sie vor dem Meeting in Ihre Rolle. Ein bisschen Schauspielerei hilft, dass wir uns so fühlen, wie wir uns fühlen wollen. Das hat nichts mit »Verbiegen« zu tun, sondern damit, dass unsere Gefühle unserer Körperhaltung folgen.[24]

❱ Halten Sie sich immer wieder vor Augen, welche Fähigkeiten, Kompetenzen und Stärken Sie haben. Schreiben Sie sich das auf – dies stärkt Ihr Selbstwertgefühl und damit Ihr Auftreten.

❱ Sagen Sie Ihren Vorgesetzten deutlich, wenn Sie eine Aufgabe übernommen haben, die eigentlich ein Kollege (der Blender?) machen sollte. Nutzen Sie dazu ein Tür-und-Angel-Gespräch oder schicken Sie eine Mail. (»Ich habe Aufgabe X von Kollege G. übernommen. Kann ich auf Sie zukommen, wenn ich eine Frage dazu habe?«)

❱ Müssen Sie mit einem Blender an einem gemeinsamen Projekt arbeiten, halten Sie Ihre Projektideen schriftlich fest –

signiert mit Ihrem Namenszug. Legen Sie Vorgesetzte bei wichtigen Mails in den Verteiler, das macht Ihren Anteil am großen Ganzen deutlich. Scheuen Sie sich nicht, bei Meetings von den Erfolgen und Ihrem Beitrag zu berichten.

❱ Nutzen Sie informelle Anlässe, wie beispielsweise Mittagessen in der Kantine, um vor Kollegen und Vorgesetzten in einem Nebensatz auf Ihre aktuelle Aufgabe hinzuweisen. Trumpft ein Blender später damit auf, alles sei sein Verdienst, dann werden die Kantinen-Kollegen hellhörig.

❱ Legen Sie bei der internen Kommunikation zu Team-Aufgaben nur die Kollegen in das Adressfeld, die wirklich involviert sind. Möchten die Vorgesetzten ebenfalls informiert sein, dann diese auch. Die Blender keinesfalls CC setzen.

❱ Machen Sie sich die Mühe, bei Projekt-Besprechungen im kleinen Team ein kurzes Protokoll zu schreiben mit dem ersten Punkt »Anwesend«. Listen Sie nur die Namen derjenigen auf, die wirklich dabei waren. Dann ist schon mal schriftlich festgehalten, dass der Blender gar nicht mit von der Partie war.

❱ Wird das Verhalten eines Blenders zu penetrant, sprechen Sie ihn auf sein unkollegiales Verhalten an. Nutzen Sie dazu die Regeln einer gelungenen Kommunikation. Schildern Sie Ihre Wahrnehmung: »Im Meeting vorhin hast du meine Idee von gestern als deine verkauft.« Sagen Sie, welche Gefühle das bei Ihnen auslöst: »Ich fühle mich damit um die Anerkennung meiner Arbeit betrogen.« Schließen Sie mit einer konstruktiven Forderung: »Ich erwarte von dir, dass du künftig sagst, dass die Ideen von mir kamen.« So machen Sie auf eine nicht-aggressive Weise deutlich, dass Sie das Spiel durchschaut haben und nicht gewillt sind, es weiter hinzunehmen. Vermutlich wird derjenige resolut abstreiten, dass er Sie ausbooten wollte – aber vielleicht bringt es ihn dennoch zum Nachdenken und zum Ändern seines Verhaltens.

❱ Bei besonders hartnäckigen Schaumschlägern lohnt es sich, diese zu enttarnen. Prahlt der Kollege wieder mit seinen Erfolgen, fragen Sie nach – ganz konkret und sachlich –, am besten vor versammelter Mannschaft. Sprechen Sie das gern mit Kollegen ab, sodass beispielsweise einer insistiert: »Aus welcher Quelle stammt die Umfrage, die du auf Folie sieben gezeigt hast?" Der eingeweihte Kollege soll auf einer Antwort beharren, auch wenn der Blender sich windet. Und antworten *Sie* dann: »Als Thomas und ich die Zahlen für das Projekt zusammengetragen haben, forderten wir die Daten von Infratest an.« Das klingt jetzt mächtig umständlich – aber wenn Sie den Blender nicht ganz offen auf sein Fehlverhalten hinweisen wollen (»Schön, dass du die Arbeit von uns allen präsentierst, obwohl du gar nicht mitgemacht hast!«), ist das eine Alternative.

❱ Demaskieren Sie Blender, die sich in Konferenzen mit Ihren Lorbeeren schmücken. »Ich freue mich, dass du meine Idee aufgreifst, von der ich dir gestern im Aufzug erzählt habe. Lass mich bitte folgende Aspekte ergänzen ...«

Woran Sie erkennen, dass Ihr junger Kollege Karriere machen möchte

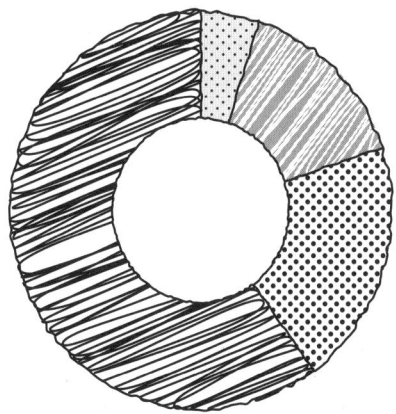

- Er arbeitet mehr.
- Er meldet sich in Meetings zu Wort.
- Er führt freiwillig Protokoll.
- Er trägt nun Sakko.

28. Der gefährlichste Ort im Büro

In der Kaffeeküche riskiert man, sich immer wieder um das dreckige Geschirr der anderen kümmern zu müssen. Und manchmal auch seine Gesundheit.

Ein Chef könnte so viel über seine Mitarbeiter lernen, würde er sich mal einen Tag unter die Spüle klemmen. Denn Kaffeeküchen sind Spiegel der Kollegen-Seelen. Hier offenbart sich ihr wahres Wesen, egal wie gut sie es sonst zu verbergen suchen. Kollege A. etwa, der stets den Hochmotivierten gibt (»Für mich steht der Job an erster Stelle. Oder das Team. Wie hätten Sie's denn gern, Chef?«), schleicht morgens mit seinen halb vollen Tassen der vergangenen Tage herein.

Fluchend steht er vor der überquellenden Spülmaschine: Offenbar hat gestern Abend ein ambitionierter Kollege die Klappe mit Gewalt geschlossen und das Ding zum Laufen gebracht – sogar die zwei beim Anwerfen zerbrochenen Tassen glänzen vor Reinheit. Das Ausräumen würde Minuten dauern, mindestens. Außerdem steht genug schmutziges Geschirr auf der Anrichte, um fünf weitere Spülmaschinen zu füllen. Da ist kein Platz mehr für das kleinste Tässchen. Kollege A. blickt sich kurz um, dann kippt er seine halb vollen Becher schwungvoll ins obere Fach, braune Brühe befleckt Besteck und Teller.

Zum Glück bemerke ich die Sauerei rechtzeitig und fische

ein sauberes Glas aus der hinteren Ecke. Die Spülmaschine lasse ich nicht noch mal laufen, das können jetzt mal andere machen, es reicht ja wohl, dass ich sonst schon immer allen hinterherwischen muss. Eine faule Bande ist das! Wer braucht eigentlich Feinde, wenn er Kollegen hat?

Da kommt mir Kollegin G. gerade recht, die gestern Geburtstag gefeiert hat und nun zwanzig schokoverschmierte Pappteller hereinträgt – sie ist wirklich gut organisiert und hatte welche von daheim mitgebracht. Schließlich wusste sie, dass sie im Büro keinen sauberen Porzellanteller finden würde. Auf die Teller hat sie zwanzig Sektgläser geschichtet und klemmt die fragile Pyramide mit ihrem Kinn fest. Das hält, weil die Schokoladenreste kleben. Auch an meinem frischen Glas, an das Kollegin G. stößt. »Kannst du nicht aufpassen«, keife ich. Kollegin G. könnte zu Recht antworten, nein, könne sie nicht, da sie über die Reste vom Fest nicht hinwegzusehen vermag. Doch Kollegin G. schweigt und wird ihrer Rolle als stilles Wasser gerecht.

Dass es darin brodelt, merkt man daran, dass G. die handzuspülenden Sektkelche einfach ins Waschbecken zu der Müslischale und der Blumenvase kippt, ohne auch nur daran zu denken, sie handzuspülen. Revolution!

Sie verlässt erhobenen Hauptes die Küche, die kaum noch als solche erkennbar ist. Zu hoch sind die Geschirrstapel, die je nach Reifegrad der Essensreste von unten nach oben einen farblichen Wandel durchlaufen. Kaffeeküchen gehören zu den wenigen Biotopen auf der Welt, die ständig renaturiert werden und dennoch selbst Umweltschützern keine Freude bereiten.

Über all dem wirkt ein Zettel am Hängeschrank etwas verloren, wie er sonst nur in öffentlichen Toiletten hängt (»Verlassen Sie diesen Ort so, wie Sie ihn vorfinden wollen.«). Manchmal weht er melancholisch auf und ab, wegen der aufsteigenden Gase im Gärungsprozess in der Obstsalatschüssel, die vom Weihnachtsfest übrig geblieben ist.

Kurz vor Feierabend tastet sich der sonst so akkurate Kollege T. herein, die Augen fest zugekniffen: Wer das Chaos nicht sieht, muss auch nicht aufräumen. Daher nimmt er die Öl-Pfütze nicht wahr, die aus der Salatschale von Kollegin S. ausläuft.

Kollegin S. achtet sehr auf ihre Gesundheit, auf die Umwelt weniger. Daher holt sie sich mittags gern einen Salat-to-go aus dem Supermarkt gegenüber. Weil sie aber die Plastikschale – in der noch ein wenig Rucola und Parmesan im Dressing-See schwimmen – nicht in den Restmüll stopfen will (sie legt immerhin Wert auf Recycling, außerdem ist die Schale zu groß für den kleinen Mülleimer), hat sie die offen stehende Salatpackung auf dem höchsten Kuchenteller-Stapel abgelegt. Ein unsichtbarer Büromüll-Kobold würde sie schon dem ökologisch korrekten Wiederverwertungskreislauf zuführen. Irgendwann.

Tatsächlich wurde ein winziges Wesen vom Parmesangeruch angelockt. Bereits vor drei Monaten hatte eine Maus ihre karge Diät aus Kabelverkleidungen eingetauscht gegen das Schlaraffenland Kaffeeküche. Während sie am Anfang noch grazil von Tellern über Tassen, von Wurstzipfeln zu Kuchenbröseln hüpfte, hat sie diese Behändigkeit inzwischen verloren. Die Maus machte es sich in der Ecke hinter den schiefen Tellertürmen gemütlich und wartete darauf, dass diese Konstruktion dank dazwischengeschobener Gabeln und Löffel so schräg wurde, dass Kuchenkrümel von selbst vor die Pfoten kullerten. Bis ihr der Duft von Parmesan in die Nase stieg.

Es dauerte, bis sie sich auf den Tellergipfel gekämpft hatte. Auf halber Höhe war sie auf Sahneresten ausgerutscht. Doch ein Pfannenwender, den der findige Kollege A. mal zum Tortenheber umfunktioniert hatte, bremste ihren Sturz. Als die kleine dicke

Maus endlich schnaufend ihr Ziel vor sich sah, stürmte sie auf die Parmesanbrocken zu. Wie groß war ihr Entsetzen, als sie mit der Schnauze gegen eine unsichtbare Plastikwand prallte und der Käse mitsamt Rucola und Öl in der Tiefe verschwand.

Davon ahnte Kollege T. nichts, und er sah auch nichts. Dennoch fand er zielsicher den Ölfleck, der ihm die Füße wegzog. Einen Moment schien Kollege T. waagrecht in der Luft zu schweben, der Teesatz aus seiner Tasse schwappte gegen die Wand. Dann machte sich die Schwerkraft an die Arbeit.

Kollege T. prallte auf den Geschirrkorb der offen stehenden Spülmaschine. Das einzige scharfe Messer des Büros, das Kollege A. immer mit der Spitze nach oben in den Korb stellt, bohrte sich in seine Schulter.

Die Ärzte sollten später sagen, solche Verletzungen hätten sie natürlich schon gesehen. Aber noch nie solche Bakterien bekämpfen müssen. Die Kaffeeküche wurde versiegelt und zum militärischen Sperrgebiet erklärt, im Flurfunk munkelte man von biologischen Kampfstoffen. Außerdem sei eine Maus gefunden worden, wahrscheinlich mutiert, so dick sei die gewesen. Angeblich leuchtete sie im Dunkeln.

! Tipps: Regeln, Putzplan oder outsourcen

Chaos, Schmutz und leere Geschirrschränke – die Kaffeeküche ist in vielen Unternehmen Streitpunkt Nummer eins. Weil keiner den »Räum- und Putz-Depp« geben will. Weil es ach so zeitsparend ist, einfach nur alles reinzustellen. Weil aufräumen ja auch keinen Spaß macht und nur von der Arbeit abhält.

Doch es gibt auch positive Beispiele. Unternehmen, in denen man gern in die Kaffeeküchen geht – und sich ebenso gern darin aufhält. Was machen die anders?

Strikte Regeln: Einige Firmen haben strenge Vorgaben aufgestellt, wie sich die Mitarbeiter in der Kaffeeküche zu verhalten haben.

❱ Geschirr einfach nur abstellen ist verboten.

❱ Wer sich etwas kocht oder warm macht, muss danach komplett alles aufräumen und die Flächen abwischen.

❱ Wer den letzten freien Platz in der Spülmaschine füllt, stellt sie an.

❱ Wer auf eine frisch gespülte Maschine trifft, räumt sie aus.

❱ »Kontrolliert« wird die Einhaltung mittels Team-Druck: Verfehlungen werden SOFORT angesprochen, und das »Küchen-Ferkel« muss umgehend den Fehler beheben.

❱ Putzplan: In einigen Unternehmen sind die Mitarbeiter mittels eines rollierenden Systems immer abwechselnd für die Ordnung und Sauberkeit zuständig.

❱ Vorteil: Der Einzelne vergeudet keine wertvolle Arbeitszeit mit Putz-Aktionen, die umso länger dauern, je seltener andere vor ihm aufgeräumt haben.

❱ Nachteil: Manche Kollegen lassen dann so richtig die Sau raus, weil sie es ja nicht wegputzen müssen, wenn sie nicht auf dem Plan stehen.

❱ Nachteil #2: Einige Kollegen »verstecken« sich gern hinter stundenlangem Säubern der Kaffeeküche, statt die eigentliche Arbeit zu erledigen.

❱ Nachteil #3: Immer mal wieder müssen auch grundlegende Reinigungsarbeiten durchgeführt werden – und zwar mit Sachverstand (Kaffeemaschine entkalken, Kühlschrank abtauen …). Spätestens dann stößt ein rollierendes Prinzip an seine Grenzen.

Facility Management: Am saubersten ist es häufig in Unternehmen, die für das Aufräumen und Putzen Reinigungspersonal haben. Die Mitarbeiter dürfen ruhig stapeln – am Abend räumt die »Gute Fee« alles fein und ordentlich auf. Unterm Strich ist das sicherlich die kostengünstigste und konfliktfreieste Variante.

Besprechen Sie also bald im Team und mit Ihren Vorgesetzten, wie sich das Streitthema »Kaffeeküche« lösen lässt – bevor das nächste Mal die Emotionen hochkochen.

 **Sofort-Hilfe**

Parfümierte Seite

Malen Sie das Bild unten mit vielen schönen Farben bunt aus.

Sprühen Sie dann diese Seite großzügig mit einem Parfüm Ihrer Wahl ein.

Nehmen Sie einen tiefen Atemzug von dieser Seite, bevor Sie künftig die Kaffeeküche betreten.

29. Ich verdiene doch mehr!

Fast jeder ist überzeugt: Eigentlich ist meine Arbeit mehr wert. Leider sieht der Chef das nicht so klar.

Es soll Angestellte geben, die Gehaltsverhandlungen mit solcher Finesse führen, dass ihr Vorgesetzter von sich aus zusätzliche Urlaubstage, ein Diensthandy oder gar einen Firmenwagen anbietet. Ich gehöre nicht dazu. Bei der Talentvergabe ist mein Verhandlungsgeschick unter den Tisch gefallen. Ich war wohl zu höflich, den Schöpfer darauf hinzuweisen oder es gar einzufordern – im Glauben, er würde es mir bestimmt von sich aus nachträglich verleihen. Leider hat der Schöpfer anderes zu tun, ich warte immer noch.

So muss ich genetisch unvollkommen versuchen, ein paar Euro mehr bei der Chefin herauszuschlagen. Nicht einknicken, nicht zu viel lächeln, sachlich argumentieren und standhaft bleiben, das Ziel vor Augen! Schließlich habe ich es verdient.

Komme ich nicht jeden Tag beinahe pünktlich ins Büro, trotz Morgenstau im Bad und auf der Straße? Ertrage ich nicht die längsten Konferenzen fast klaglos bis zum Ende und steuere noch konstruktive Lösungsvorschläge bei? Treibe ich nicht Projekte voran, ohne andere abzuhängen, schließlich bin ich Team-Player? Bin ich nicht diejenige, die abends noch am Schreibtisch sitzt, während die anderen je nach Wetter in Bar oder Biergarten feiern?

Ja, müsste nicht eigentlich die Unternehmensführung zu mir kommen, den Orden in der einen und eine dicke Lohnerhöhung in der anderen Hand?

Als ich zum Termin erscheine, hat meine Chefin keinen Orden, sondern einen Rotstift zur Hand, vor sich die ausgedruckte Budgetplanung. Doch von solch subtilen Signalen lasse ich mich nicht vom Ziel abbringen – 500 Euro mehr sollten schon drin sein.

Chefin: »Und, wie geht es dir?« *(Immer positiv Interesse zeigen, negativ wird es noch früh genug.)*

Ich: »Gut, danke der Nachfrage.« *(Zu einem »sehr gut« fehlen 500 Euro.)*

. . .

An dieser Stelle kürzen wir um drei Minuten Wohlfühlatmosphären-Geplänkel und zwei Minuten Aufs-Thema-Kommen.

. . .

Ich: »Erst vergangene Woche habe ich unser Projekt erfolgreich abgeschlossen, das – so viel Eigenlob muss jetzt einfach mal sein – ohne mich nie zu einem Ende gekommen wäre.« *(Da übertreibe ich wirklich nicht, die Schnarchnasen hätten noch ein halbes Jahr gebraucht, wenn ich nicht Druck gemacht hätte.)*

Chefin: »Ach wirklich.« *(Die Kollegen haben schon berichtet, wie du genervt hast. Und alle deshalb Arbeiten abgeliefert haben, mit denen sie noch nicht wirklich zufrieden waren – nur um von dir und deinem Abgabetermin-Fetisch erlöst zu sein.)*

Ich: »Und du musst zugeben, die Konferenzen wären ohne meine Lösungsvorschläge noch viel länger.« *(Darauf muss sie doch anspringen!)*

Chefin: »Ach ja?« *(Und darauf soll ich anspringen? Wir zahlen hier schließlich nicht fürs Schweigen und Hirn ausschalten ...)*

Ich: »Es wäre also höchste Zeit, dass wir an meinem Gehalt was drehen.« *(Hm, jetzt lehnt sie sich zurück, aber solange sie nicht die Arme verschränkt, sieht es noch gut ... verflixt, sie verschränkt die Arme.)*

Chefin: »Ach so.« *(Das wäre ja noch schöner. Aber rede ruhig noch ein bisschen weiter, damit du dich ernst genommen fühlst. Hoppla, verräterisches Körpersignal – also: aufrichten und zugewandt nach vorne beugen, wie im Führungskräfte-Seminar gelernt.)*

Chefin: »Über welche Summe reden wir denn hier?« *(Nicht lachen, du darfst nicht lachen, denk an was Trauriges ... denk an ... dein Budget! Nicht lachen ...)*

Ich: »Ich finde, 500 Euro wären durchaus angemessen.« *(Mist, ich hätte 700 Euro sagen und mich runterhandeln lassen sollen, verflixt!)*

Chefin *(lacht)*: ». . . Tschuldigung, habe mich . . . verschluckt.« *(Budget! Budget!)*

Die Chefin hält sich am Papier fest und räuspert sich vernehmlich: »Du hast völlig recht, 500 Euro wären mehr als angemessen für deine Leistung.« *(Ich kreuze jetzt mal meine Zehen – ich glaube, das gilt auch.)*

Ich *(etwas überrascht)*: »Das freut mich, dass du das auch so siehst.« *(Läuft ja bestens.)*

Chefin *(tippt mit dem Rotstift auf den Budgetplan)*: »Nur leider, leider sind mir die Hände gebunden, der Geldhahn ist zugedreht – mit dem Rotstift notiere ich unser dickes Minus. Hoffentlich brauche ich ihn nicht für mehr ...« *(Ich bekomme gleich einen Krampf in den gekreuzten Zehen.)*

Ich *(entsetzt)*: »Du redest von ... Stellenstreichungen?« *(Ich hatte ja keine Ahnung!)*

Chefin *(verschwörerisch flüsternd)*: »Mal den Teufel lieber nicht an die Wand. Aber das bleibt unter uns, das ist top secret. Aber dir kann ich da vertrauen.«

Ich nicke. *(Bei mir ist das Geheimnis gut aufgehoben.)*

Chefin *(noch leiser)*: »Ich weiß zwar nicht, wo ich es herausrechnen kann. Aber ganz ohne einen kleinen Aufschlag kann ich dich doch nicht gehen lassen.« *(Obwohl ... ach was, ein bisschen Motivation schadet nicht.)*

Ich *(ebenso leise)*: »Also, in einer so schwierigen Lage, verstehe ich natürlich vollkommen ...« *(Bald muss man zahlen, um zur Arbeit gehen zu dürfen – aber Hauptsache, überhaupt einen Job!)*

Chefin *(wispernd)*: »50 Euro im Monat mehr, nur für dich, das bekomme ich hin. Aber kein Wort zu den anderen.«

Ich: »Das weiß ich wirklich zu schätzen.« *(Ha, und ich dachte, ich hätte kein Talent für Gehaltsverhandlungen!)*

Tipps: So bekommen Sie, was Sie wollen

Chapeau! Diese Führungskraft hat ihre Hausaufgaben in puncto »Erfolgreich verhandeln« gemacht. Denn widerspruchslos ist unsere Berufstätige ganz schnell eingeknickt. Mit den folgenden Tipps sollten Sie bei Ihren Gehaltsgesprächen mehr Erfolg haben.

Werden Sie von sich aus *regelmäßig* aktiv, und vereinbaren Sie auf jeden Fall einen eigenen Termin für so ein Gespräch. Verhandeln Sie Ihr Gehalt niemals überraschend für den anderen oder zwischen Tür und Angel.

Es gibt traditionelle Zeitpunkte für eine Gehaltsverhandlung, jedoch keine festen Regeln. Üblich ist eine Gehaltsverhandlung

❱ beim Vorstellungs- beziehungsweise Einstellungsgespräch

❱ nach der Probezeit

❱ zwischen zwei befristeten Arbeitsverträgen

❱ beim Übergang eines befristeten auf einen unbefristeten Arbeitsvertrag

❱ bei einer Beförderung, Verlagerung der Tätigkeitsbereiche oder internen Versetzung

❱ beim jährlichen Mitarbeitergespräch

Ohne konkreten Anlass können Gehaltsverhandlungen alle 18 bis 24 Monate gemacht werden – brauchen dann aber noch bessere Argumente, um erfolgreich zu sein, schließlich steht keine Zäsur an.

Ein guter Zeitpunkt für eine Gehaltsverhandlung ist immer Frühjahr/Sommer. Denn so kann Ihr (hoffentlich) höheres Gehalt in den Geschäftsplan des Folgejahres einkalkuliert werden. Herbst-Winter-Verhandlungen scheitern häufig daran, dass die Ressourcen schon verplant sind. Automatisch sinkt Ihre Chance auf eine Lohnsteigerung.

Machen Sie sich klar, dass eine Gehaltserhöhung eine Art Tauschgeschäft ist: Sie tauschen mehr Geld oder sonstige Boni gegen eine bessere oder größere Arbeitsleistung. Aus diesem Grund sind gestiegene Lebenshaltungskosten, Ihr Kredit oder Ihr Nachwuchs kein Argument für mehr Geld. Es gelten allein Ihre Erfolge, Ihre hervorragenden Leistungen, höhere Berufserfahrung, gestiegene Kompetenz ...

Um dies herauszustreichen, ist es notwendig, dass Sie sich sehr gut vorbereiten.

❱ Recherchieren Sie vergleichbare Gehälter für Ihre Position, um einen Anker zu haben; beispielsweise auf Gehaltsportalen oder in Branchenübersichten.

❱ Machen Sie sich über die wirtschaftliche Situation in Ihrem Unternehmen kundig. Klar, dass in schwierigen Zeiten eher weniger Geld da ist. Aber das sollte kein Totschlag-Argument sein!

❱ Verschaffen Sie sich einen Überblick (ruhig schriftlich) über die Resultate Ihrer Arbeit in den vergangenen Monaten. Wo haben Sie dem Unternehmen überdurchschnittlich geholfen? Gewinn gebracht? Kosten erspart? Neue Möglichkeiten eröffnet? Inwiefern hat sich Ihre Leistung seit der letzten Gehaltsrunde gesteigert? Welches neue Know-how haben Sie erworben? Welche Qualifikationen? Ein Job-Tagebuch, in dem Sie Ihre Aufgaben und Erfolge notieren, kann Ihnen dabei wertvolle Dienste leisten.

» Legen Sie Ihr Hauptziel (»500 Euro mehr im Monat«) fest und auch Nebenziele (Firmenwagen, Bahn-Card, Fitness-Center gratis …). Machen Sie den Gehaltssprung aber nicht zu groß. 500 Euro ist bei einem Monatsgehalt von 2000 Euro einfach zu viel. Üblich sind 3 bis 10 Prozent Erhöhung alle 18 bis 24 Monate. 10 bis 15 Prozent sind üblich, wenn Sie in eine (höhere) Führungsposition aufsteigen.

» Leiten Sie aus Ihren Recherchen gute Argumente für einen Zuschlag ab. Die Aussage, eine Anpassung sei aber doch regelmäßig üblich, oder: »Meine letzte Erhöhung ist schon fünf Jahre her«, ziehen dabei nicht.

» Bereiten Sie sich auf mögliche Einwände vor. Was könnten Sie antworten? Wie könnten Sie reagieren? Machen Sie sich klar, dass manche Vorgesetze tatsächlich gern mit subtilen Andeutungen oder Körpersprache versuchen, Sie aus dem Konzept zu bringen. Springen Sie darauf nicht an. Bleiben Sie in Ihren Antworten auf Einwände sachlich! Lästern über die Kollegin, die doch offensichtlich »viel weniger und schlechter arbeitet und trotzdem mehr verdient als ich«, sind ein absolutes No-Go!

❱ Gehen Sie selbstbewusst, aber nicht überheblich in das Gespräch.

Wir drücken Ihnen die Daumen!

 ## Sofort-Hilfe

Liste Ihrer Misserfolge

Erstellen Sie eine Liste aller Dinge, die Sie in den Sand gesetzt, an die Wand gefahren, vermasselt haben.

Holen Sie nach dem nächsten Mitarbeitergespräch, wenn Ihre Gehaltsforderung abgelehnt wurde, diese Liste raus und lesen Sie sie durch.

Freuen Sie sich, dass Sie nicht sogar noch Geld bezahlen müssen, um hier arbeiten zu dürfen.

Und dann: Verbrennen Sie die Liste!

LISTE MEINER MISSERFOLGE

_____

_____

_____

_____

_____

_____

_____

_____

_____

_____

_____

_____

_____

_____

_____

_____

30. Der frühe Vogel kann mich mal

Der Wecker klingelt eher als gedacht, und im Büro nerven die Frühaufsteher. Doch die Zeit der Eulen wird kommen.

Ich robbe an einer Reihe im Minutentakt klingelnder Wecker vorbei ins Bad, taste mit geschlossenen Augen nach Zahnpasta und -bürste und hoffe, dass ich wirklich meine erwischt habe.

Über das Morgengrauen freuen sich nur frühe Vögel. Ich hingegen bin genetisch versaut und gehöre zu den späten, sogar sehr späten Vögeln. Am Abend noch war ich so wach, da schien das Aufstehen in ausschlafweiter Ferne. Diesen Irrtum bemerke ich jeden Morgen, natürlich zu spät.

Dass in der Sommerzeit auch noch eine Stunde der kostbaren Nachtruhe gestohlen wird, macht es schlimmer für die Eulen unter uns. Frühaufstehende Lerche-Typen hingegen zucken aufreizend gleichgültig mit den Schultern – sie seien da eh schon seit zwei Stunden auf.

Und natürlich sind sie längst im Büro, wenn ich hereintaumele. Eine dunkle Sonnenbrille soll den Morgen noch etwas auf Abstand halten. »Na«, tiriliert der Lerchen-Kollege, »wie geht's denn heute?« »Weiß noch nicht«, brumme ich. Wegen der Sonnenbrille verfehle ich den Anschaltknopf auf dem schwarzen

PC. Eine Minute später zwitschert Herr Lerche: »Hast du meine Mail schon gesehen?«

Habe ich nicht. Ich arbeite mich gerade am Doppelklick für die Anmeldung ab. Mein Zeigefinger schläft offenbar auch noch.

Wie gut würden Deutschlands Unternehmen dastehen, verzichtete man auf die biorhythmuszerstörende Zeitumstellerei und führte stattdessen flexible Anfangszeiten für Früh- und Spätaufsteher ein. Um sein Hirn dann zu fordern, wenn die Elektroimpulse nicht auf halber Nervenbahn stecken bleiben, weil das Gehirn quengelt: Komm später wieder, Idee, ich kann gerade nicht!

Neulich etwa hätte ich am frühen Morgen um acht Uhr beinahe eine Eingebung gehabt, wie ganz leicht neue Kunden zu begeistern und zugleich zukunftweisende Kooperationen möglich wären. Die eierlegende Wollmilchsau der Branche sozusagen. Auch dieser Gedanke schaffte es nicht bis ins Langzeitgedächtnis, das Kurzzeitgedächtnis war gerade nicht ansprechbar. Als ich am Schreibtisch wieder erwachte, war die Idee weg. Dafür hielten sich die Tastaturabdrücke in meinem Gesicht hartnäckig.

Den ganzen Vormittag flattern und zwitschern die Lerche-Typen überlaut, während sich die Eulen am Kaffee festhalten, so schwarz wie ihre Augenringe, und auf ein wenig Ruhe hoffen. Gegen Mittag werden die Lerchen endlich leiser, nach dem Essen tschilpen sie nur noch. Gegen zwei Uhr ist es still auf den Lerchen-Plätzen.

»Und«, trällere ich, »was sagst du zu meinem neuen Konzept?« »Kon...zept?«, fragt Herr Lerche und dreht den Kopf, die Lider auf Halbmast. Das geht mir jetzt aber zu langsam, ich habe hier schließlich noch mehr zu tun. »Schau es dir morgen an, ist in den Mails.« »In den ... Mails«, echot der Kollege und versucht sich am Doppelklick. Um kurz vor halb sechs schleppt er sich aus dem Büro, aber nur, weil ich ihn rechtzeitig geweckt habe. Ich bleibe noch ein bisschen, habe gerade einen Lauf.

Am Ende des Tages denke ich wie jeden Abend, noch voller Restenergie: Ach, der frühe Vogel kann mich mal.

Tipps: Achtsamkeit für den eigenen Biorhythmus

Dem Auto sei Dank für die Gleitzeit! Denn so haben die Lerchen und die Eulen in vielen Unternehmen eher die Chance, ihrem inneren Rhythmus zu folgen. Warum dem Auto? Nun, Auslöser für die Gleitzeitwelle, die in den 70er Jahren durch die Republik schwappte, war das zunehmende Verkehrschaos morgens und abends. Immer mehr Berufstätige fuhren damals mit dem eigenen Auto.[25] Was als Stau-Entzerrungsmaßnahme begann, ist heute allerdings eng mit den Wünschen an einen Wohlfühl-Arbeitsplatz sowie an eine gelungene Work-Life-Balance verwoben. Und die Bedeutung von Gleitzeit nimmt weiterhin zu.

Zu Recht! Denn wer permanent gegen seine innere Uhr aktiv und leistungsbereit sein muss, der wird anfälliger für organische Erkrankungen und greift häufiger zu Nikotin und Alkohol oder Aufputschmitteln.

Besonders schlimm ist die Belastung für extrem ausgeprägte Zeit-Typen: Etwa ein Viertel aller Deutschen, so schätzen Chronobiologen, sind entweder ausgesprochene Frühtypen (»Lerchen«) oder Spättypen (»Eulen«).[26] Der Rest von uns ist eine Mischung mit Tendenzen.

Eulen kämpfen dabei gegen einen chronischen »sozialen Jetlag«. Da sie spät ins Bett gehen, aber der Wecker sie gnadenlos früh am Morgen rausreißt, häufen sie werktags ein immer größeres Schlafdefizit an, das sie am Wochenende ausgleichen müss(t)en. Auch Lerchen leiden am Konflikt zwischen innerer Uhr und einer »gesellschaftlich vorgegebenen Zeit«. Beispielsweise weil sie keine Spielverderber sein wollen und nachts um die Häuser ziehen – aber am Morgen zur gewohnt frühen Zeit aufwachen.

Können wir unsere Taktung ändern? Leider nein! Natürlich können wir immer wieder versuchen, einen Kompromiss zwischen innerer Uhr und äußeren Zwängen hinzubekommen. In dem Moment allerdings, in dem wir keine äußeren Einflüsse mehr haben (z. B. Urlaub ohne feste Essenzeiten), kehren wir zu unserer Grundtaktung zurück. Und diese ist tatsächlich genetisch verankert, wie Chronobiologen von der Berliner Charité mittels Zell-Untersuchungen an Hautplättchen nachweisen konnten.[27] In jeder Zelle unseres Körpers sitzen den Forschern zufolge kleine »Zeitgeber«, die von einer »Masteruhr« im Gehirn gesteuert wird. Molekularbiologisch scheint damit also bewiesen, dass der Chronotypus angeboren ist und wir uns weder durch Lichttherapie noch durch das Einnehmen des »Schlafhormons« Melatonin dauerhaft umpolen können.

Unser Tipp: Gehen Sie achtsam mit sich und Ihren biologischen Hoch-Tief-Phasen um, und versuchen Sie so häufig wie möglich, Ihrer inneren Uhr gerecht zu werden. Vielleicht können Sie individuellere Arbeitszeiten mit Ihrem Chef und dem Team absprechen? Falls nicht, erledigen Sie als Eule möglichst erst im Halbschlaf Routineaufgaben, bis Sie wach genug sind für Anspruchsvolles – und als Lerche genau umgekehrt. Und vergessen Sie dabei nicht das Mittagstief – die ideale Zeit etwa, um Mails zu sichten und zu beantworten.

Ansonsten bleibt zu hoffen, dass immer mehr Firmen dem Beispiel von Start-ups oder auch etablierten Unternehmen wie

Google folgen – und die Arbeitszeit gar nicht mehr erfassen. Gemessen wird die Leistung des Einzelnen allein über den Output. Gut, das ist wieder nicht die optimale Lösung für die Workaholics unter uns und widerspricht mit Sicherheit irgendeiner Arbeitsschutzbestimmung. Aber es kann funktionieren, wenn die Firmenkultur einen souveränen und gesunden Umgang mit der Ressource Zeit und Energie des Einzelnen vorlebt.

Klar, dass es dazu auch eine gesellschaftliche Veränderung braucht. Denn was bringt es, wenn wir um elf Uhr im Büro sein dürfen – unsere Kinder jedoch um acht Uhr in der Schule zu erscheinen haben. Pädagogen und Politiker diskutieren das bereits eifrig – eines ihrer Argumente für einen gestaffelt beginnenden Schultag: Es würde das Verkehrsaufkommen entzerren.

Willkommen in den 70er-Jahren!

Wie verstehen Lerchen den Flurfunk: »Kollegin S. will ein Jahr Sabbatical machen« (für Eulen die Uhrzeit umdrehen)

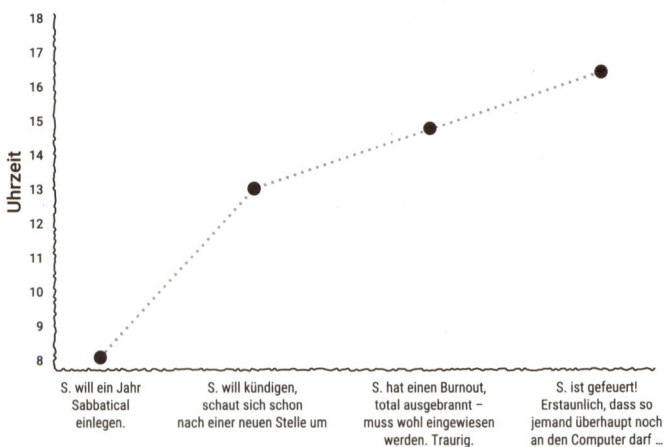

S. will ein Jahr Sabbatical einlegen.

S. will kündigen, schaut sich schon nach einer neuen Stelle um

S. hat einen Burnout, total ausgebrannt – muss wohl eingewiesen werden. Traurig.

S. ist gefeuert! Erstaunlich, dass so jemand überhaupt noch an den Computer darf …

31. Der Weg ist zu viel

Auf der Fahrt zur Arbeit ist es erdrückend eng – auf der Straße und in der Bahn. Können die anderen nicht zu Hause bleiben?

Es ist wunderbar zu arbeiten, wenn alle anderen Ferien haben. Kaum ein Telefon klingelt, Fensterplätze in der Kantine sind frei, und der leckerste Nachtisch reicht endlich für alle. Das allein kann zwar nicht wettmachen, dass die anderen in den Bergen oder am Meer oder zu Hause Zeit für ihre Familie haben. Aber: Der Arbeitsweg ist so schön.

Die Straßen sind leer, sodass mich eine grüne Welle ins Büro trägt. Ich fahre später los und komme früher an. Und wenn ich die Bahn nehme, kann ich mich nicht nur setzen, sondern sogar die Ellenbogen bewegen und die Beine ausstrecken, ohne jemanden zu treten. Ein Genuss, leider ein zu kurzer. Bald sind wieder alle unterwegs, wieder alle zur selben Zeit: meiner.

»Dann fahr doch früher! Oder später!«, denken jetzt diejenigen, die nicht in ein Zeitkorsett aus Schulbeginn und Morgenkonferenz gezwängt sind. Alle anderen wissen, wovon die Rede ist: Sobald die Kinder Richtung Schule losschlendern, hasten auch sie zum Auto, durchs Viertel hallt Türenknallen, jede Sekunde zählt. Würde man die Stadt in diesem Moment von oben filmen, wäre zu sehen, wie die Autos aus kleinsten Seitenstraßen auf größere Nebenstraßen rasen, in den Kurven quietschen die Reifen, das Heck schleudert beim Einbiegen auf die Ringstraße ums Stadtzentrum.

Vollbremsung. Der Stau war schneller, mal wieder.

Mein innerer Motor dreht fast durch, der Automotor tuckert im Leerlauf. Zehn Minuten später, ich habe zwei Kilometer geschafft. Nur noch zehn Kilometer bis zum Büro. Ich versuche nicht auszurechnen, wie lange der restliche Weg in dieser Geschwindigkeit noch dauert. Ich rechne doch. Dann spiele ich mit dem Gedanken, mein Auto auf der Mittelspur stehen zu lassen und die Strecke zu Fuß zu gehen.

Da tut sich eine Lücke links von mir auf. Kommt man dort schneller voran, soll ich wechseln? Bleiben? Die Gelegenheit ist vorbei, ein Auto schließt langsam die Lücke. Und rollt weiter und rollt und rollt und rollt in den Wagen davor, dessen Kofferraum sich wie in Zeitlupe öffnet. Er wird sich nicht mehr schließen lassen. Wieder ein Automatik-Fahrer am Steuer eingenickt.

Ringsum hinter den Windschutzscheiben nur leere Gesichter, die in die unerreichbare, von Autos verbarrikadierte Ferne starren und dort den Sand ihrer Lebenszeituhr verrinnen sehen. »Und«, wird am Eingang zum Himmelsreich dereinst streng gefragt werden, »was hast du wochentags zwischen sieben und neun Uhr in deinem Leben erreicht?« »Mit etwas Glück die nächste Ampel.«

Ich beschließe, der Bahn mal wieder eine Chance zu geben. Sie weiß sie nicht zu nutzen.

Eigentlich hatte ich mich darauf gefreut, auf dem Weg zur Arbeit ganz legal Zeitung lesen zu können, statt wie sonst heimlich unter dem Lenkrad im Stau. Doch im Waggon wird es enger als gedacht, nicht nur, weil alle Sitzplätze besetzt sind. Ich stehe vor einer Wand aus Menschen, die sich – einer unausrottbaren Unsitte folgend – vor den Türen drängen. »Im Gang stehen ist nicht verboten«, rufe ich erzürnt und mache mich damit allseits bekannt, aber nicht beliebt. Niemand schiebt sich einen Meter weiter.

In diesem Stau aus Leibern komme ich fremden Körpern näher als gewünscht. Der Herr neben mir hält sich an der Stange über seinem Kopf fest, was mir freien olfaktorischen Zugang zu seiner Achselhöhle verschafft. Er gehört nicht zu den Morgenduschern.

Ich halte die Luft an und wende meinen Kopf nach links. Mein Körper kann nicht folgen, er steckt zwischen einem kompakten Mittdreißiger und einer weniger kompakten Endzwanzigerin, die ihre Körperfülle dafür mit einem Trekkingrucksack verdoppelt. Sie scheint auf Besuch in der Stadt zu sein, denn neugierig lugt sie bei jeder Station aus den offenen Türen, um sich dann mitsamt Rucksack wieder ins Abteil zu drücken. Also auf mich.

Später, wenn der Waggon in der Stadtmitte die Hälfte der Menschen ausgespien hat, wird sie diesen Rucksack auf den letzten freien Sitz neben sich stellen. Auf dass er nicht zu schmutzig wird auf ihrer Reise um die Welt.

Wenigstens die Rückfahrt am Abend lässt sich entspannter an. Ich habe lange genug gearbeitet, um dem Stoßverkehr zu entgehen, der wörtlich zu nehmen ist. Die Mitmenschen halten Wohlfühlabstand, jeder will seine Ruhe. Die schönen Make-up-Masken vom Morgen bröckeln schon seit Mittag und offenbaren nun Augenringe und fahlen Teint. Ich sitze, ich lese sogar. Das versöhnt mit dem Bahnfahren, fast bin ich feierabendheiter gestimmt. Bis sich hinter mir zwei Passagiere erst provozieren, dann duellieren, leider völlig ohne weißen Fehdehandschuh, dafür mit geballten Fäusten.

Inzwischen bin ich, wenn keine Ferien sind, gut zu Fuß unterwegs, sehr gut sogar, seitdem mir mein Fahrrad im Morgenverkehr zu Schrott gefahren wurde. Am frühen Meeting nehme ich mobil teil, per Telefonschalte. Nur manchmal beschweren sich die Kollegen. Der Verkehrslärm und mein lautes Schnaufen störten die Konferenz.

Tipps: Nehmen Sie sich raus, oder nehmen Sie es an

Ach, wie schön und entspannt wäre das tägliche Pendeln, wenn wir uns immer antizyklisch – also zu anderen Zeiten als die Massen – auf den Weg machen könnten. Versuchen Sie das wirklich so häufig wie möglich und genießen Sie es.

Den Zeitfresser und Stressfaktor »Arbeitsweg« diskutieren wir übrigens in jedem meiner Zeitmanagement-Seminare. Denn viele Berufstätige sind die unerwünschte Nähe zu anderen Zeitgenossen, das unkalkulierbare Stop-and-go auf der Straße oder die ständigen Unpünktlichkeiten der öffentlichen Verkehrsmittel mehr als leid.

Gern schlage ich dann zwei grundsätzliche Strategien vor, um den Weg ins Büro angenehmer oder wenigstens erträglicher zu machen.

Strategie #1: Raus aus der Situation!

Denken Sie mal darüber nach, wie Sie Ihren Arbeitsweg so verändern könnten, dass die unliebsame Situation überhaupt nicht mehr eintritt. Was können Sie tun, um aus diesem Stress komplett herauszukommen?

Ideen:

> näher an den Arbeitsplatz ziehen

> kündigen und einen neuen Job suchen, der bei Ihrem Wohn-
ort liegt

> Home-Office vereinbaren

> sich selbstständig machen und von zu Hause aus arbeiten

Ja, ich höre Sie schon aufbegehren: »Aber so leicht finde ich doch
hier bei mir keinen guten Job, der meinen Fähigkeiten entspricht,
das Gehalt bietet, die Karriere verspricht …!« Oder: »Aber ich
will nicht wegziehen, ich lebe gern hier!« Oder: »Home-Office:
Das wäre ein Traum – aber wird bei uns nicht genehmigt!«

Wischen Sie für Ihre Überlegungen mal Ihren »Ja-aber-Teufel«
von der Schulter, er blockiert Sie beim Nachdenken. Und erlauben
Sie sich, völlig verrückte Ideen zu spinnen. Denken Sie quer, denken Sie kurios. Aus solchen Überlegungen ist schon so manch
gute – und tatsächlich realisierbare – Lösung entstanden.

Beispielsweise konnten manche Angestellte zumindest einen
Tag pro Woche im Home-Office bleiben – mit dem Effekt, dass
sie den Arbeitsweg an den anderen vier Tagen viel leichter
verkraften konnten. Andere entschieden, noch drei Jahre das
Gedränge in Kauf zu nehmen, und dann die unbefriedigende
Situation zu verlassen, indem sie beruflich umsatteln – weil sie
dann von einer besseren Karriereposition aus starten können.

Oder eine erst mal komplett verrückte Idee wurde Wirklichkeit: so wie bei Steffen Kappelmann. Der Landtierarzt lebt und
arbeitet in der Stau-Hochburg Stuttgart. Und musste erleben,

dass er bei Notfällen häufig nicht schnell genug auf den Bauern-höfen war, weil er mit dem Auto an Verkehrsknotenpunkten feststeckte. »Wenn ich doch nur fliegen könnte«, schoss es ihm bei einem Einsatz durch den Kopf. Die Idee ließ ihn nicht mehr los. Heute fliegt Kappelmann mit einem kleinen Trag-Schrauber zu seinen Patienten. Und ist in zwanzig Minuten dort, wohin er mit dem Auto über eine Stunde unterwegs wäre.[28]

Fangen auch Sie an, das Undenkbare zu denken. Und über-legen Sie dann, wie Sie diese vielleicht nur scheinbar verrückte Idee für sich anpassen könnten, um einen Stressfaktor wie den Arbeitsweg zu eliminieren.

Strategie #2: Nimm's an!

Sie können an Ihrer Stress-Situation nichts ändern und sich auch nicht komplett herausnehmen? Weil Ihnen vielleicht momentan der Preis dafür zu hoch ist (Umzug, Kündigung, Pilotenschein machen …)? Dann nehmen Sie die Situation an. Das ändert zwar nichts an dem Ärgernis selbst, aber an Ihrem Befinden.

Wichtig: »Nimm's an!« bedeutet nicht, dass Sie ab sofort alles durch die rosarote Brille sehen müssen. Oder Stress in sich reinfressen. Nein! Es geht darum, dass Sie sich Ihre Stress-Faktoren klarmachen und eine bewusste Entscheidung treffen, wie Sie *momentan* damit umgehen wollen. Denn: Was wir selbst entscheiden, über das müssen wir nicht mehr schimpfen, hadern, jammern. Wir nehmen die Situation an, wie sie eben im Mo-ment ist, und schließen unseren Frieden damit. Wenn wir also zu lange in der zu vollen Bahn feststecken, denken wir daran, dass wir unser geliebtes Wohnviertel verlassen müssten, um zur Arbeit radeln zu können. Und schon ist die Enge im Waggon we-niger erdrückend, da zumindest ein Stück weit selbst gewählt.

Das Annehmen reduziert die Ausschüttung des Stresshormons Cortisol. Und bringt uns im nächsten Schritt dazu, dass wir uns überlegen können, wie wir uns die Situation angenehmer machen können, etwa:

> im Stau ein Hörbuch oder gute Musik abspielen

> im Auto mit Freunden telefonieren, für die man im normalen Schweinsgalopp keine Zeit hat (ja, natürlich per Freisprechanlage!)

> in der Bahn mit guten Kopfhörern Lieblingssongs hören und sich somit abschotten

> meditieren, kopfrechnen, sich Lebensläufe für die Umstehenden ausdenken oder andere Gedankenspiele machen

> im Gedränge tagträumen (Albert Einstein, Woody Allen oder die Autorin Joanne K. Rowling galten/gelten als bekennende Tagträumer. Sie sollen dem Tagträumen sogar ihre besten Ideen verdanken.)

Halten Sie es so wie der US-amerikanische Theologe, Philosoph und Politikwissenschaftler Reinhold Niebuhr, der in den 1940er-Jahren das »Serenity Prayer« (»Gebet der Gelassenheit«) erfand – ob ihm die Inspiration dazu im Stau auf dem Weg zur Arbeit kam, ist nicht bekannt: »Gott gebe mir die Gelassenheit, Dinge hinzunehmen, die ich nicht ändern kann, den Mut, Dinge zu ändern, die ich ändern kann, und die Weisheit, das eine vom anderen zu unterscheiden.«

 **Sofort-Hilfe**

Schubs-Bild

Nehmen Sie dieses Buch mit auf Ihre nächste Bahnfahrt im Gedränge. Schlagen Sie diese Seite auf, und halten Sie einen Stift locker auf die Seite. Lassen Sie sich nun wiegen, schubsen, stoßen. Folgen Sie den Bewegungen der Massen.

Kurz bevor Sie aussteigen, klappen Sie das Buch zu und schauen diese Seite erst an, wenn Sie im Büro oder zu Hause angekommen sind.

Welchen Titel geben Sie dem Kunstwerk?

32. Nicht alle auf einmal!

Wer behauptet, er könne multitasken, ist entweder genial oder lügt. Trotzdem fordern im Job viel zu viele Dinge unsere ungeteilte Aufmerksamkeit. Natürlich gleichzeitig.

Es war einmal ein positives Vorurteil, das da lautete: Frauen sind besser im Multitasking. Inzwischen wurde dies von Wissenschaftlern als Märchen enttarnt. Wer viele Aufgaben gleichzeitig angeht, erledigt keine davon wirklich gründlich – selbst Frauen nicht. Also konzentrieren sich beide Geschlechter auch im Büro besser nur auf eine Aufgabe, um diese zur vollsten Zufriedenheit erledigen zu können. Etwa, diesen Text zu schreib...

Moment, eine interne Mail, offenbar wichtig, sie ging an alle. Wer Themen für das nächste Spezial habe? Ich hätte da eine Idee, aber erst will ich den Artikel hier fertig...

Kollegin B. skypt, ob wir heute pünktlich essen gehen können, gestern Abend habe es bei ihr statt dicker Suppe nur dünn belegte Brote gegeben?

Das müsste zu machen sein, antworte ich, und google, ob es ein passendes »Braten«-Emoticon gibt. Ich finde ein Hühnchen am Spieß (*tandoori*) und bekomme auch Hunger. Da fällt die Konzentration schwer, aber weil ich bis zum Mittagessen fertig sein soll, muss ich ...

Kollege F. reißt die Tür auf, ich falle vor Schreck fast vom Stuhl: »Du kennst dich doch ...«, schnauft er kurzatmig, »... so gut mit Excel aus? Ich komme nicht weiter und muss da was bis Mittag fertig haben.« Ich auch, denke ich. Aber es dauert meist nur drei Minuten, bis Kollege F.s gordische »Es geht einfach nicht«-Knoten gelöst sind. Würde es zumindest, wenn nicht in diesem Moment ein Anruf käme: »Auf der Reise nach Grönland ist noch ein Platz frei, den …«

Kollege F. wird neben mir unruhig, ich klicke mich durch Excel, »… wenn Sie da also Grönland entdecken …«, Kollege F. tippt mit dem Finger auf seine imaginäre Armbanduhr, »Ja, gleich«, sage ich, »… gern, dann setzen wir Sie auf die Teilnehmerliste!«, sagt der Anrufer, »Moment …«, stammle ich. »Aber ich muss doch bis Mittag …«, insistiert Kollege F. »Ich maile dir, wenn es fertig ist«, zische ich. »Per Mail«, sagt der Anrufer, »gern, dann schicke ich Ihnen die Details gleich zu«, und legt auf.

Kollege F. schaut mich mit hochgezogenen Augenbrauen an. »Ich glaube, ich fahre nach Grönland«, murmle ich.

Das Telefon klingelt schon wieder, Kollegin A. ist dran, wie weit ich mit meinem Text sei? Kollege F. verlässt mein Büro, nicht ohne noch mal mit dem Finger auf sein Handgelenk zu tippen. »Ich muss nur noch die Häkchen richtig setzen, dann bekommst du Grönland«, sage ich. »Geht es dir gut?«, fragt Kollegin A.

Kollege F. ist offenbar zurück an seinem Schreibtisch, denn er skypt, ob ich das Excel-Problem gelöst habe, Augen-auf-reiß-Smiley? Ich schicke ein Wutgesicht-Smiley und: »Hab's ja gleich!« Kollegin A. schreibt irritiert zurück: »Ist ja gut, es reicht auch, wenn du mir den Text nach dem Mittagessen gibst. Kopfschüttel-Smiley.« Kollege F. skypt: »Uuuuund?????«

Ich maile ihm, dass seine ver*!%te Excel-Tabelle jetzt funktioniere, er aber nächstes Mal nicht so an meinen Nerven zerren solle, sonst könne er sein Sch#&!-Excel-Problem selber lösen!

Ich bekomme eine Mail mit dem Betreff: dein ver*!%tes Excel. Ich habe auf die interne Mail an alle geantwortet. Das Telefon klingelt. Skype pingt im Rhythmus der eingehenden Nachrichten. Antwort-Mails poppen auf.

Ich muss weg. Zum Mittagessen in Grönland.

 ## Tipps: Nehmen Sie sich störungsfrei

Viele von uns – allen voran die kreativen Chaoten – lieben es abwechslungsreich und bunt. Aber die ständigen Unterbrechungen sind in unserem beruflichen Alltag zur Plage geworden. Und so gelten Störungen und das damit verbundene »Multitasking« heute bei den meisten Menschen als Zeitfresser Nummer eins.[29]

Zu Recht, wie Studien belegen. So konnten einige Angestellte bereits im Jahr 2004 nur elf Minuten ohne Unterbrechung arbeiten, während andere gerade mal drei Minuten hatten, bevor Telefon, eine E-Mail oder Kollegen »in persona« sie aus der Arbeit rissen. Und die Störfaktoren haben in den vergangenen Jahren weiter massiv zugenommen: Telefon, Handy, Mails, Social Media, Chat-Fenster, Kollegen in den Großraum-Büros, die quer durch den Raum brüllen, Besucher, die einfach in der Tür stehen … Immer öfter verlangt etwas nach Aufmerksamkeit, und das sofort.

Dies hat sogar schon unseren inneren Arbeitsrhythmus verändert. Erwachsene sind weniger fokussiert, unsere Konzentrationsspanne sank in den vergangenen Jahren messbar. Und wenn wir nicht von außen gestört werden, dann stören wir uns eben selbst: 63 Mal pro Tag schauen einige von uns aufs

Handy. Alle 18 Minuten werfen wir spätestens einen Blick in unsere Nachrichten in den Sozialen Medien.

Und das ist noch nicht alles: Wir benötigen im Schnitt 64 Sekunden, um nach dem Lesen einer Mail wieder zurück in die Arbeit zu finden. Rund vier bis acht Minuten brauchen wir, um nach einer (themenfremden) Störung wieder konzentriert zu sein – bis wir also nach einer Unterbrechung den roten Faden gefunden haben. Produktivität? Fehlanzeige! Während den einen rechnerisch drei Minuten für störungsfreies Arbeiten bleibt, zerreiben sich die anderen komplett zwischen lauter »Jetzt-sofort!«-Ansprüchen. Was ist aber der Unterschied zwischen Störungen und Multitasking?

Störung bedeutet, dass wir eine im Moment ausgeführte Aufgabe unterbrechen aufgrund eines externen Ereignisses. Diese Belästigungen sind von uns weder zeitlich steuerbar noch wirklich vorhersehbar. Das unterscheidet sie von den internen Unterbrechungen, die wir selbst bewusst oder unbewusst initiieren (z. B. entschließen wir uns während des Schreibens eines Textes, schnell eine Mail zu verfassen oder jemanden anzurufen). Dies empfinden wir in der Regel als überhaupt nicht stressig – wir wollen es ja im Moment nicht anders. Externe Störungen hingegen bringen uns in Stress: Ob es uns passt oder nicht, wir müssen jetzt kurzfristig mindestens zwei Gedanken koordinieren. Das kostet mehr Energie, erzeugt Zeit- und Konzentrationsdruck und nervt in der Regel, weil wir uns fremdbestimmt fühlen.

Multitasking bedeutet, dass wir in einem bestimmten Zeitraum mehrere Aufgaben gleichzeitig ausführen: eine Mail lesen und zugleich mit einem Kollegen zu einem völlig anderen Thema telefonieren. Sobald unser Gehirn mehrere Informationen auf einmal verarbeiten muss, wechselt es zwischen den Info-Bits hin und her. Da dies im Millisekunden-Bereich passiert, empfinden wir unser Tun als »gleichzeitig«. Ist es aber nicht.

Und das bedeutet: Ja, wir können multitasken, wenn wir unser Gehirn dazu nicht wirklich brauchen – beim Bügeln und Fernsehschauen, Kaffeetrinken, Joggen und Musikhören. Aber sobald wir nicht nur etwas wahrnehmen wollen, sondern aktiv reagieren und entscheiden müssen, wird aus dem Nebeneinander ein Hin- und Herswitchen.

Und das bringt Reibungsverluste mit sich, produziert häufig Fehler und kostet Zeit und Nerven. Weil wir verschnupfte Gesprächspartner am anderen Ende der Leitung beruhigen, dass wir sehr wohl zugehört hätten, auch wenn wir jetzt schon zum zweiten Mal nachfragten, was er gerade gesagt habe. Weil wir mit Engelsgeduld Missverständnisse geraderücken, da wir die Mail nicht richtig gelesen hatten. Weil ein Geschäftsreisender aus Versehen in Palma statt in Parma landet.

Daher: Störungen zu vermeiden und sich zeitweise für konzentriertes »Monotasken« abzuschotten ist eines der wertvollsten Geschenke in unserem hektischen Alltag, das wir uns machen können.

Viele Unternehmen haben das erkannt und neue Strukturen in den Büros geschaffen. Von Mail-freien Freitagen über Closed-Door-Policy (als Antwort auf die Türe-immer-offen-Haltung der 90er Jahre), bis zum Rückbau von Großraum-Büros zu Zweier-Zimmern, Schaffung von Ruhezonen oder »Denk-Zellen« oder teamweiten »Zeit-Inseln für konzentriertes Arbeiten« – rund um den Globus ist etwas in Bewegung geraten.

Bei Ihnen noch nicht? Dann nehmen Sie das Thema »Umgang mit Störungen« in das nächste Team-Meeting und überlegen Sie gemeinsam, mit welchen kleinen, schnellen Lösungen Sie hier Abhilfe schaffen können. Ich verspreche Ihnen, Sie werden offene Türen einrennen. Denn das Problem, nie störungsfrei arbeiten zu können, betrifft alle: vom Vorstandsvorsitzenden über die Führungskräfte bis hin zum Sachbearbeiter. Suchen Sie nach Lösungen, wie Sie sich zeitweise abgrenzen können – zum Wohle aller. Warten Sie nicht darauf, dass »von oben« eine Verbesserung kommt. Fangen Sie an, sich die Bedingungen zu schaffen, unter denen Sie gut arbeiten können.

Sind Sie allein im Büro (Home-Office), genießen Sie die Freiheit, sich Ihre Ruheinseln jederzeit ermöglichen zu können. Und reden Sie Ihrem inneren Schweinehund gut zu, nicht bei jedem Klingeln ans Telefon springen zu müssen.

Schotten Sie sich mit Zeit-Inseln immer mal wieder ab – wenn Sie das im Team einführen, dann wird es auch nicht brüsk wirken oder Sie vom Flurfunk komplett abkapseln.

Hier ein paar Ideen, wie andere Personen und Firmen ihre »Bitte nicht stören«-Lösungen für sich umgesetzt haben und diese auch optisch signalisieren:

❭ **Halbmast:** In einem Großraumbüro stehen Fähnchen neben den Bildschirmen. Ist die Fahne auf Halbmast, heißt das »Ruhe, bitte«.

❭ **Teddy:** Bei einem Druckerhersteller sitzen Teddybären neben dem PC. Schaut der Teddy zur Wand, ist auch sein Besitzer nicht ansprechbar. Blickt er freundlich in den Raum, darf gestört werden.

❭ **Tür zu:** In manchen Firmen gilt die Offene-Tür-Politik immer noch als Zeichen für besonders guten Führungsstil. Thorsten, Geschäftsführer eines Großmarktes, hat das jetzt abgeschafft und schließt seine Tür bewusst mehrere Stunden pro Tag. »Seither kommen die Mitarbeiter wirklich nur noch mit sinnvollen Anfragen und nicht mehr mit jeder Lappalie. Ein schöner Nebeneffekt ist, dass ich jetzt mehr Ruhe zum Arbeiten habe und dass sich auch die Mitarbeiter nicht mehr so leicht stören lassen und sogar mehr Eigeninitiative entwickelt haben.«

❱ **»Außer Betrieb«:** In einer Münchner Software-Schmiede heften sich die Mitarbeiter neonfarbene Klammern mit der Aufschrift »Außer Betrieb« an die Kleidung. Das ist für sie vor allem praktisch, wenn sie nur mal schnell einen Kaffee holen wollen. Denn so wissen die Kollegen, wer gerade Muße und den Kopf frei hat für einen Plausch und wer lieber in Ruhe gelassen werden will.

❱ **Denk-Zellen:** Viele meiner Kunden haben auf jeder Büro-Etage extra Räume gebaut (mit Laptop-Buchsen/Lan-Anschluss), in die sich die Mitarbeiter zum konzentrierten Arbeiten zurückziehen können. In einem Münchner Unternehmen ist bei schönem Wetter dazu ausdrücklich die Dachterrasse freigegeben.

Machen Sie sich klar, dass zum Stören immer zwei gehören: derjenige, der unterbricht, und der, der sich aus der Arbeit herausreißen lässt. Wer signalisiert, dass er jederzeit ansprechbar und hilfsbereit ist, wird auch permanent angesprochen. Setzen Sie bewusst Grenzen, und bleiben Sie dann konsequent. Schaffen Sie sich den Grad an Ungestörtheit, den Sie brauchen. Und genießen Sie die Unterbrechungen zu den anderen Zeiten. Denn: Störungen haben ja auch etwas Positives. Wir können rund siebzig Minuten am Stück konzentriert bei einem Thema sein.

Dann tut uns eine Pause ganz gut. Und eine kleine Erholungsphase kann ja eingeläutet werden, weil ein Kollege fragt: »Kannst du bitte mal schnell …?«

 **Sofort-Hilfe**

»Bitte nicht stören«-Schild zum Ausschneiden

Malen Sie die »Bitte nicht stören«-Seite rot aus, die »Komm ruhig rein«-Seite grün. Dann ausschneiden und an die Tür hängen. Fertig.

Bitte nicht stören.

**Wieder
ansprechbar ab**

––––––––––
Uhr.

Komm ruhig rein

☺

33. Wischen statt denken

Früher waren Konferenzen dazu da, um mehr oder weniger Wichtiges zu diskutieren. Jetzt spricht einer, der unhöfliche Rest lässt sich vom Smartphone hypnotisieren.

Oberflächlich betrachtet läuft die Konferenz perfekt, findet der Chef. Konzentriert, beinahe andächtig senken die Teilnehmer ihre Köpfe, während er über die Herausforderungen des nächsten Halbjahres informiert. Zwei Kollegen hängen ihm sogar schier an den Lippen (er hat die große Wanduhr hinter seinem Kopf vergessen). Zur Belohnung streut der Chef ein Witzchen ein, die beiden lächeln pflichtschuldig. Dass Kollege T. am anderen Ende des Konferenzraumes erst eine Minute später losprustet, irritiert den Chef nur kurz. Hat offenbar mal wieder eine etwas längere Leitung, der T.

Der schöne Schein endet an der Tischkante. Ein tiefergehender Blick macht klar: Das Team ist nicht mit leeren Händen gekommen. Die gedimmten Bildschirme der Smartphones erhellen die Tischplatte von unten. Kollegin S. chattet in drei WhatsApp-Gruppen – Familie, Volleyball und BFAZ (beste Freundin aller Zeiten), ihr Feierabend könnte anstrengend werden.

Kollege G. vergeudet seine Arbeitszeit nicht mit Privatsachen oder Konferenzen: Er tippt Geschäftsmails und wird später pünktlich das Büro verlassen. Und Kollege T. amüsiert sich über Posts Gleichgesinnter. »Schau mal den …«, flüstert er und zeigt mir grinsend seinen Bildschirm: *Stell dir vor, es ist Konferenz, und keiner geht hin.* Kollege T., das schlichte Gemüt, kichert schon wieder los.

Auch ein Smartphone-Nutzer kann eine festgefahrene Diskussion voranbringen, wenn er die fehlende Information mit ein paar Klicks herbeigoogelt. Also etwa einmal im Vierteljahr. Ansonsten hindern die kleinen Aufmerksamkeits-Staubsauger am konstruktiven Mitdenken: Höchstens Beitragsbröckchen werden eingeworfen, um sich dann wieder dem Rest der Welt da draußen zu widmen. Wenn überhaupt jemand etwas sagt.

Langsam verflüchtigt sich auch die Zufriedenheit des Chefs. Schon zweimal hat er gefragt, ob es Einwände zu den Halbjahreszielen gebe? Anmerkungen? Verbesserungsvorschläge? Lob? Ob sich vielleicht jemand räuspern wolle? Die Köpfe bleiben gesenkt. Nur Kollege T. gluckst vor sich hin.

»Wenn das so ist …«, sagt der Chef genervt, »werden wir uns in den kommenden Monaten von …« – er überlegt angestrengt – »Gurken und Paprika abwenden.« Die beiden Ziffernblatt-Starrer wechseln einen irritierten Blick, aber nur sie. »Unser nächstes Ziel«, fährt der Chef fort, »heißt … tierisches Eiweiß! Das hat Priorität, höchste Priorität.« Kollege G. blickt auf. Irgendetwas ist anders, der Chef klingt so aufgeregt. Enthusiasmiert, wie G. sagen würde.

Der Chef lässt seinen Blick streng kreisen und lehnt sich nach vorne: »Ich fordere von euch … Eier! Wir brauchen Eier!« Die Runde wird unruhig, aber nicht zu sehr. Die Smartphones leuchten hypnotisch. »Wenn also niemand Einwände hat«, knurrt der Chef zornig, »arbeitet ihr künftig auch samstags!« Schweigen. Die paralysierten Ziffernblatt-Starrer kneifen sich, offenbar sind sie im falschen Film. Der Chef zischt leise, aber umso wütender: »Und sonntags! Will jetzt vielleicht jemand was sagen?«

Doch nur Kollege T. ergreift das Wort, aber nicht des Widerspruchs: »Hast du plötzlich auch so Hunger?«, flüstert er und tippt auf den Bildschirm. »Ich schau gleich mal, was es heute in der Kantine gibt.«

 ## Tipps: Schalten Sie ab

Es mag etwas schlicht klingen an dieser Stelle, an der Sie sich nun den Hammer-Super-Wahnsinns-Tipp wünschen: Aber der einzige Weg, um in Meetings konzentriert, effizient und effektiv zu sein, ist tatsächlich der, dass Smartphones, iPads & Co. definitiv ausgeschaltet werden. Die meisten Menschen glauben, dass sie multitasken könnten, während sie einem Redner zuhören – allerdings bestätigen Studien, dass dies nicht funktioniert.[30] Multitasker brauchen nicht nur 50 Prozent mehr Zeit, sondern machen auch 50 Prozent mehr Fehler beim Bearbeiten der Aufgaben.

Laut einer Umfrage des IT-Verbandes Bitkom[31] finden es drei Viertel der Befragten zudem störend, wenn andere Meeting-Teilnehmer ihr Smartphone benutzen. Sie irritiert es bei anderen – tun es aber selbst, um fade Zeiten zu überbrücken? Willkommen im Club! Laut Bitkom lenken sich 41 Prozent der Meeting-Teilnehmer ab – und erledigen dabei private Dinge. Lieblingsbeschäftigung: SMS und WhatsApp-Nachrichten verschicken, Social-Media-Kanäle wie Facebook, Instagram oder Twitter nutzen oder auf News-Websites schmökern. Ganze 27 Prozent der Personen, die Smartphones in Meetings nutzen, geben gar an, auf dem Bildschirm zu spielen. Sechs Prozent kaufen online ein.

Verbannen Sie also in einem kollegialen Beschluss Smartphones & Co. aus den Besprechungsräumen. Und sorgen Sie mit weiteren Kniffen dafür, dass Sie sich nicht langweilen müssen.

❱ Meetings sind in der Regel effektiv, wenn maximal sieben Personen teilnehmen.

❱ Begrenzen Sie das Meeting auf höchstens eine Stunde.

❱ Sorgen Sie als Diskussionsleiter oder Vorgesetzter dafür, dass alle engagiert teilnehmen, indem Sie die Einzelnen aktiv einbinden.

❱ Verzichten Sie auf reine Infotreffen, schicken Sie dazu lieber eine Mail und kommen Sie dann lediglich – bei Bedarf – für eine Fragerunde zusammen, die höchstens 15 Minuten dauern sollte.

Woran Sie in einer handyfreien Konferenz erkennen, dass Sie ein klitzekleines Smartphone-Problem haben

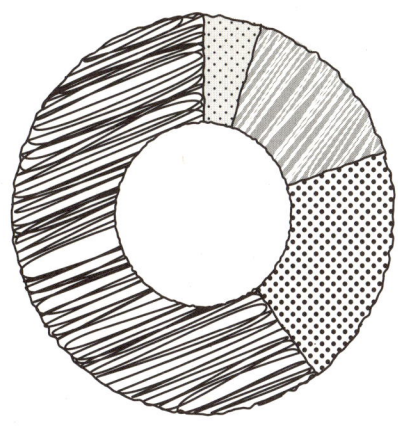

Sie zucken zusammen, wenn ein Vogel durchs offene Fenster Ihre Nachrichten-Melodie pfeift.

Sie starren auf Ihre offene Handfläche und sehen mehr als nur Lebenslinien.

Sie versuchen, das Handout auf Papier mit Daumen und Zeigefinger größer zu ziehen.

Sie entschuldigen sich, ein dringendes Bedürfnis – im Klokasten haben Sie ein wasserdichtes Handy-Versteck.

34. Brennen, ihr müsst brennen!

Schön, wenn man seine Arbeit voller Leidenschaft erledigt. Weniger schön, wenn man dabei ausbrennt. Höchste Zeit, dass manchen Übereifrigen ein Licht aufgeht.

Damals in der Ausbildung hat sich ein einziges Mal der Boss aller Bosse die Ehre und uns die geballte Kraft seiner Arbeitsmoral mit auf den Weg gegeben. Als er zu dem kam, was er für wesentlich hielt, beugte er sich vor, blickte jeder hoffnungsvollen Nachwuchskraft tief in die Augen und rief durchaus theatralisch: »Brennen müsst ihr, ihr müsst brennen!« Vielleicht hätte es mir merkwürdig vorkommen sollen, dass ich zuerst an Hexenverbrennung und dann an die zerbröselnden Kohlereste eines Lagerfeuers denken musste; und sogar an Ministerpräsident Edmund Stoibers legendäre »glodernde Lut« – auch dessen Stern ist nun am Himmel der Bayern schon lange verglüht. Anderen Kollegen lag das Zündeln mehr. Sie glommen vor Vorfreude darauf, mit der Energie ihres inneren Feuers im Job heißzulaufen. Dabei sind einigen offenbar ein paar Sicherungen durchgebrannt.

Kollege S. etwa, für den »Feierabend« ein Synonym für unentschuldigtes Entfernen vom Schreibtisch ist. Er hoffte jahrelang darauf, mit Kollegin P. – in Kaffeeküchen-Kreisen bekannt als »Madam Perfect« – anzubandeln und gemeinsam mit ihr ein paar Abläufe in der Firma zu vervollkommnen, vom Posteingang bis zur Jahresabrechnung. Einige Stellschräubchen eben, damit das Ganze endlich etwas geschmierter lief und weniger anfällig war für die Faulheit von Kollegen, die stur darauf beharrten, dass auch ein Leben außerhalb des Büros von Bedeutung sei. Der Burn-out von Kollegin P. machte seine romantischen Pläne zunichte.

Kollegin P. war ausgerechnet beim Abschied des Bosses aller Bosse ausgebrannt. Jahrzehntelang hatte sie für den Job gelodert und keine Schwangerschaft (»Ein Baby passt nicht in mein Leben.«), kein zu langer Urlaub (»Ich habe genug Spaß in der Arbeit. Vielleicht mache ich ja eine Fortbildung.«), ja nicht mal ein Geburtstagssektchen (»Nur ein kleiner Schluck, für mehr ist keine Zeit!«) hatte sie vom Arbeiten abgehalten. Mit glühenden Augen und leuchtenden Wangen drückte Kollegin P. dem Boss aller Bosse zum Abschied fest die Hand. Er sollte merken, dass sein Lebenswerk von zupackenden Mitarbeitern fortgeführt würde, ganz in seinem Geiste, wie er es vorgelebt . . . »Ihnen auch alles Gute, Frau … äh …«, sagte der Oberboss, »Frau … hrrmchrrm … ah, Frau B.« Und das Feuer in Kollegin P. erlosch.

Die Krankschreibung von P. rückte den Rest der Belegschaft wieder stärker in Kollege S.s ungnädigen Fokus. Es war nicht so, dass alle anderen ungern arbeiteten, die meisten waren eigentlich ganz zufrieden. Bis auf Kollege O., der sich stets zu Höherem berufen fühlte, nur nie dazu gerufen wurde. Nun formulierte er jeden Tag von acht bis zwölf Uhr innerlich seine Kündigung, beim Mittagessen stänkerte er über die Borniertheit der Chefs. Und am Nachmittag feilte er an einer unverblümten Abschiedsrede, die einigen die Augen öffnen würde, welche Perle hier jahrelang ihr Dasein im Sautrog hatte fristen müssen, da würden sie aber schauen, die Chefs, ha!

Wir Normalflackernden machten nicht nur Dienst nach Vorschrift, außer es ging um langweilige Routineaufgaben. Ansonsten aber konnten wir uns für Projekte, Details, gar Visionen im Job begeistern, manchmal brannten wir sogar ein wenig dafür. Nur vergaßen wir nicht, auch Holzscheite nachzulegen und einen Vorrat davon anzulegen. Manche viel zu lange Partynacht unter der Woche machte unseren Vorrat an Lebensfreude übervoll, sodass genug neue Energie für die Arbeit übrig blieb. Ein Prinzip, das Kollege S. niemals verstehen konnte.

Selbst wenn er mal zu einer Feier eingeladen war – etwa weil er ins Zimmer kam, während die Bürogemeinschaft die Freizeit plante –, konnte er einfach nicht abschalten. Wie Moses, der die Wogen teilte, schritt er abends durch das Partyvolk, das sich verzweifelt ein rettendes Ufer suchte: »Ich wollte mir gerade was zu trinken holen!«, »Ich muss dringend auf die Toilette!«, »Ich glaube, draußen sind Außerirdische gelandet!« Wer sich nicht rechtzeitig aus dem Staub machte, musste sich Kollege S.s Monologe über seine Ideen anhören für die Restrukturierung der systematischen Interaktion zwischen den diversen innerbetrieblichen Arbeitssegmenten in Korrelation mit den außerbetrieblichen Subunternehmern, welche wieder dringend auf Spur gebracht werden … »Kannst du bitte mal vor die Tür kommen, da wartet jemand auf dich.« Kollegin H., die Herzensgute, eilte rechtzeitig zur Rettung, bevor S. meine gerade noch flackernde Feierabendlaune ersticken konnte. Oder mir auch ein paar Sicherungen durchbrannten.

Tipp: Strahlen statt brennen

Im Schnitt verbringen wir in Deutschland, Österreich und der Schweiz etwa 1500 Stunden pro Jahr bei der Arbeit.[32] Das sind – Urlaub abgezogen – rund 33 Stunden pro Woche inmitten unserer lieben Kollegen. Und natürlich wäre es schön, wenn wir in dieser Zeit (immerhin 38 Prozent unseres Wachseins) etwas tun könnten, das uns Spaß macht. Das uns erfüllt. Eine Tätigkeit, die uns Freude bereitet und nicht nur die Miete sichert oder den Kredit abzahlen hilft.

Und so boomen seit Jahren Ratgeber, Online-Kurse und Coachings zu den Themen »Mach dein Ding!«, »Finde den Job, der dich glücklich macht!« oder »Gehe deinen Weg!«

Mit Erfolg. Immer mehr Menschen wagen den Schritt heraus aus dem grauen Alltag und schlagen beruflich eine Richtung ein, die sie erfüllt.

Aber Vorsicht: Solch eine Tätigkeit bedeutet nicht, dass wir ab sofort nur noch in einer rosaroten Traumwelt leben. Und dass jeder Tag unseres Lebens Zuckerguss und Ponyhof ist. Denn natürlich hat jede Tätigkeit auch ihre Schattenseiten und Aufgaben, die uns definitiv keinen Spaß machen. Jeder Selbständige muss sich auch um Buchhaltung oder Erfolgsmessung kümmern und nicht nur um seine Kunden. Jeder Künstler muss auch für die Vermarktung seiner Werke sorgen und kann nicht nur im Atelier stehen. Jeder Lehrer, der die Arbeit mit den Schülern liebt, hat kräftezehrende Gespräche mit Eltern zu absolvieren.

Heißt das jetzt, man soll in einem Job ausharren, weil es woanders auch nicht besser ist? Nein, auf keinen Fall! Wenn Ihre derzeitige Tätigkeit so überhaupt keinen Spaß mehr bringt und das Gehalt nur noch Schmerzensgeld ist, dann sollten Sie den Absprung wagen. Und sich in Ruhe fragen: was stattdessen?

In vielen Fällen bekommen wir allerdings unseren Job-Frust auch gut in den Griff, wenn wir uns klarmachen, was uns *grundsätzlich* zufrieden macht. Und wie weit wir das momentan in unserem Alltag ausleben können:

❯ Welche Werte sind mir wichtig? (Beispiel: Macht, Familie, Anerkennung …) Wie und wo kann ich das momentan gut ausleben?

....

....

....

❯ Was ist mein innerer Antrieb? Was sind meine Motive? (Beispiel: Distanz, Flexibilität, Aktivität …) Wie und wo kann ich das momentan gut ausleben?

....

....

....

❯ Was sind meine Talente? Wie und wo kann ich das momentan gut ausleben?

....

....

....

Richten Sie jeden Tag immer mal wieder Ihren Blick auf die Dinge, Themen, Menschen, die Sie glücklich machen. Und das ist keine Frage des Jobs an sich – sondern Ihrer Haltung dazu.

Blicken Sie dabei auf Ihren beruflichen Alltag UND Ihren privaten. Viele Menschen sind durchaus glücklich mit einer Tätigkeit, die ihnen stressfrei und sicher den Lebensstandard sichert. Oder die gerade zu Ihrer Lebensphase passt, zum Beispiel weil die Pflege von Eltern oder Kleinkindern schon so viel Energie kostet, dass derzeit keine für einen Neustart bleibt. Und sie tun das, wofür sie »brennen«, eben in der Freizeit. Dabei kann das »Brennen« auch ein sehr stilles, nach innen gerichtetes Gefühl sein.

Sie müssen also kein Tschakkaaaa brüllen, um zu »brennen«. Ein inneres Strahlen und ein zufriedenes Lächeln reichen.

 **Sofort-Hilfe**

Glücksklee-Wiese ausmalen

Holen Sie sich einen grünen Textmarker und einen Kugelschreiber.

Schreiben Sie in jedes Glücksklee-Blatt, was Sie in Ihrem beruflichen Alltag glücklich macht.

Malen Sie sie grün aus, und verwahren Sie sie dort, wo Sie Ihre vierblättrigen Kleeblätter immer mal wieder hervorholen können.

Nachwort

Und was wurde nun aus Sisyphos, diesem Sinnbild des sinnlosen Arbeitens? Der so tapfer Tag für Tag die dicksten Brocken stemmte? Seine Geschichte hat nach Jahrtausenden ein gutes Ende verdient. Als er zum dreimillionstenvierhundertfünfundneunzigtausendsten Mal dem Fels hinterherschaute, wie dieser zurück ins Tal donnerte, hob Sisyphos seinen Blick, ließ ihn über die Weiten der Unterwelt schweifen und dachte: »Was mache ich hier eigentlich?«

Er setzte sich – auf den Boden, sein auch als Hocker geeigneter Fels hatte sich ja gerade wieder verabschiedet – und stellte die entscheidende Frage: »Und warum mache ich das hier ganz allein?«

Sisyphos blieb drei Tage und drei Nächte auf dem Gipfel. Hades schickte nur ab und zu eine Brieftaube vorbei, die den Gott der Unterwelt auf dem Laufenden halten sollte. Als sich Sisyphos wieder erhob, sah er seine Zukunft klar vor sich und verkündete mit Donnerhall in der Stimme: »Ich, Sisyphos, werde nie mehr ein- und denselben Stein zum Gipfel rollen, nie mehr!« Der Höllenhund und seine Welpen erhoben die garstigen Häupter, doch Hades tätschelte ihnen beruhigend den Kopf, »wartet, meine Kleinen, wartet ab …«

Und Sisyphos rief: »Ihr habt richtig gehört, nie mehr! Von

nun an werde ich …« Seine Steinroll-Kollegen am Berg lauschten gespannt, sogar Eulalie war einen Moment lang still, »… ich werde nicht nur einen, nein, ich werde viele Steine diesen Berg hinaufschaffen! Und ihr werdet mir dabei helfen, ihr alle!«

»Spinnt der jetzt, oder will er der neue Hades werden oder was?«, fragte Agrafena *(die Unbeschreibliche)* das Orakel, doch das zuckte nur mit den Schultern.

»Nein«, rief Sisyphos, »ich werde selbstständiger Subunternehmer!«

Und so kam es.

Nachdem Sisyphos mit Hades einen Franchise-Vertrag ausgehandelt und ihm die Brieftauben als Boten abgeschwatzt hatte, ließ er Aristeides *(den Besten)* ein neues Zugsystem für die Felsbrocken ersinnen. Eine wichtige Rolle spielten dabei die Höllenhunde, die so endlich zu dem Auslauf kamen, nach dem sie sich immer gesehnt hatten. Auch Hades freute sich, dass das Rudel ausgeglichener und weniger knurrig war.

Agrafena und das Orakel sahen mögliche Probleme vorher und loteten aus, was man mit den Felsbrocken anfangen konnte. Das Orakel verriet dabei auch den geheimen Wunsch des Hades nach einer Residenz, die eines Herrschers der Unterwelt würdig und groß genug für Underground-Partys wäre.

Tichon *(der Glückliche)* und Eulalie *(die, die gern redet)* empfingen die Gäste, während Aristeides bereits den weiteren Ausbau durchdachte und Brieftauben zu Hades schickte, der die Pläne meist erfreut absegnete (Infinity Pool mit Ambrosia-Bar – unbedingt! Lounge mit einer Werkstatt-Ecke zum Steinmetzen für jedermann – klar! Konferenzzimmer für Besprechungen bis in die Ewigkeit – geht's noch?).

Und Sisyphos? Traf sich oft und gern auf einen unterirdisch guten Drink mit Hades, von dessen neuem Thron aus man das

Treiben am Gipfel besonders gut im Blick hatte und mittendrin war statt nur dabei.

Doch am Ende des Tages ließ es sich Sisyphos, der alte Nostalgiker, nicht nehmen, seinen Lieblings-Höllenhund-Welpen anzuschirren und kurz vor Feierabend noch ein oder zwei Felsen bergauf zu karren.

Es war schließlich nicht alles schlecht gewesen damals, in der guten alten Zeit am Gipfel des Wahnsinns. Dachte Sisyphos im Infinity Pool.

Auch Ihnen, liebe Leser, wünschen wir stets einen – zumindest geistigen – Rückzugsort im Büro, an dem Sie abtauchen können, wenn mal wieder alles zu viel wird. Aber vergessen Sie nicht, Ihre Lieblings-Kollegen dorthin mitzunehmen.

Allein macht das Arbeiten doch – wenn wir ehrlich sind – nur halb so viel Spaß …

In diesem Sinne wünschen wir beide Ihnen nun viel Vergnügen,

ob im Job oder spätestens beim Feierabend,

Ihre Katja Schnitzler
und Cordula Nussbaum

Häufig gesprochene Worte zum Abschied ...

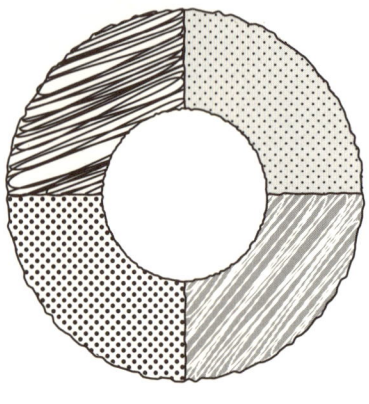

Der Chef: »Unsere Zusammenarbeit war sehr intensiv.«

Der nette Kollege: »Lass uns auf jeden Fall in Kontakt bleiben!«

Der nicht so nette Kollege: »Ich werde deine Süßigkeiten-Schublade vermissen.«

Der Pförtner: »Geben Sie Ihre Zugangskarte ab.«

... und was sie uns wirklich sagen

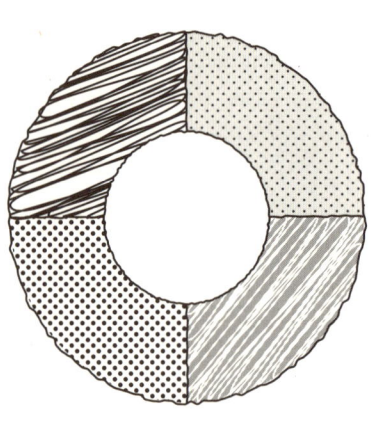

Der Chef: »Es war echt anstrengend mit Ihnen.«

Der nette Kollege: »Vielleicht treffen wir uns ja mal auf der Straße!«

Der nicht so nette Kollege: »Ich werde deine Süßigkeiten-Schublade vermissen. Dich selbst nicht.«

Der Pförtner: »Glauben Sie nicht, dass Sie hier jemals wieder so einfach reinspazieren können.«

Buchtipps zum Weiterlesen

Anderson, Chris: »TED Talks: Die Kunst der öffentlichen Rede. Das offizielle Handbuch«: Super Ratgeber für umwerfende Vorträge – vom Kenner der 18-Minuten-Rede. Gut zu lesen, gut umzusetzen. Fischer Taschenbuch 2017

Cohn, William: »Der gute Ton von Cohn: Elegant durch alle Lebenslagen«: Ein satirisches Begleitbuch für jede Situation – mit Schmunzeln zu lesen. Goldmann 2017

Dobelli, Rolf: »Die Kunst des guten Lebens«: Muss man sich von einem Strafzettel die gute Laune verderben lassen? Oder von anderen Widrigkeiten des Lebens? Nein, findet der Autor – und gibt »Werkzeuge« an die Hand, um ein paar Schrauben im eigenen Leben nachzujustieren. Piper 2017

Fischer, Roger: »Das Harvard-Konzept: Die unschlagbare Methode für beste Verhandlungsergebnisse«: Wir lieben diese wertschätzende Herangehensweise, um in Verhandlungen zum Ziel zu kommen. DVA. Neuauflage 2018

Kellner, Michaela/Khom, Andrea: »Konfliktfalle E-Mail«: Ein pragmatischer Ratgeber zum geschickten Umgang miteinander via Mails. Goldegg 2016

Kitz, Volker/Tusch, Manuel: »Psycho? Logisch! Nützliche Erkenntnisse der Alltagspsychologie«: Noch nicht glücklich genug? Dann haben diese Herren Tipps: Hier lernt man, auch einen völlig missratenen Bürotag als das zu sehen, was er ist – als eigentlich gar nicht so schlimm. Heyne 2011

Kurz, Jürgen/Miller, Marcel: »So geht Büro heute! Erfolgreich arbeiten im digitalen Zeitalter«: Kurz ist Profi im Büro-Aufräumen, und mit seinem jungen Team hat auch er als »Oldie« sich in das Thema »digitale Ordnung« eingearbeitet. Gabal 2019

Mai, Jochen: »Die Karriere-Bibel. Definitiv alles, was Sie für Ihren beruflichen Erfolg wissen müssen«: 600 Seiten geballtes Know-How und Strategien des ehemaligen *Wirtschaftswoche*-Ressortleiters. dtv 2018

Reinwarth, Alexandra: »Am Arsch vorbei geht auch ein Weg: Wie sich dein Leben verbessert, wenn du dich endlich locker machst«: Selten so viel gelacht wie bei diesem »Ratgeber«, um mit schwierigen Zeitgenossen fertigzuwerden. mvg Verlag 2016

Schönburg, Alexander von: »Die Kunst des lässigen Anstands. 27 altmodische Tugenden für heute«. Piper 2018

Soojung-Kim Pang, Alex: »Pause: Tue weniger, erreiche mehr«: ein Plädoyer für die regelmäßigen Erholzeiten, um den täglichen Wahnsinn besser zu ertragen. Arkana 2017

Stöhr, Jannike: »Das Traumjob-Experiment – 30 Jobs in einem Jahr«: Während andere nur überlegen, wie es wäre, statt im Büro als Erzieherin oder als Surflehrer zu arbeiten, hat die Autorin es ausprobiert. Eichborn 2016

Vollmer, Lars: »Zurück an die Arbeit – Back To Business: Wie aus Business-Theatern wieder echte Unternehmen werden – wertschöpfend und erfolgreich«: Ja, manchmal haben wir wirklich das Gefühl, im Job wie Schauspieler unterwegs zu sein. Ein Buch zum Schmunzeln und Lernen. Linde 2016

Weidner, Jens: »Die Peperoni-Strategie: So nutzen Sie Ihr Aggressionspotenzial konstruktiv«: Seit Jahren auf dem Markt, doch immer noch aktuell – Jens Weidner verhilft uns allen zu mehr Biss. Campus 2011

Weitere Bücher der Autorinnen

Von Katja Schnitzler

❱ Die wundersame Welt des Fliegens, Süddeutscher Verlag 2013

❱ Ich zähle jetzt bis drei … Warum Kinder uns verrückt aber glücklich machen, S. Fischer 2015

Von Cordula Nussbaum

Bücher/Hörbücher:

❱ Geht ja doch! Wie Sie mit 5 Fragen Ihr Leben verändern, Gabal 2015

❱ Organisieren Sie noch oder leben Sie schon? Zeitmanagement für Kreative Chaoten, Campus (3. Auflage) 2017

❱ Bunte Vögel fliegen höher. Die Karrieregeheimnisse der Kreativen Chaoten, Campus 2012

❱ LMAA. 66 Mini-Plädoyers für mehr Mut, Leichtigkeit und Gelassenheit. Gabal 2018

❱ Zeitmanagement. Mein Übungsbuch, Gräfe und Unzer (4. Auflage) 2018

Online-Kurse zu den Themen Zeitmanagement & Motivation

❱ Geht ja doch! Das 12-Wochen-Power-eCoaching für ein er-fülltes Leben

❱ Mehr Zeit für mich! Der 10-Tage-Kompakt-Kurs (in drei eigenständigen Editionen für Angestellte, Selbständige und Führungskräfte)

❱ Dreamday – Ziele, Wünsche, Visionen: der Eintages-On-line-Kurs für mehr Power im Jahr

Mehr Infos zu den Online-Kursen: www.gehtjadoch.com

Mehr Tipps von Cordula Nussbaum erhalten Sie gratis hier:

❱ News-to-use – der monatliche Coachingbrief für mehr Zeit und Zufriedenheit (gratis via www.kreative-chaoten.com)

❱ www.GlüXX-Factory.de – der Selbstmanagement-BLOG

❱ Kreatives Zeitmanagement – der Podcast (gratis via www.glüXX-Factory.de)

❱ Follow me on Facebook, Twitter, google+

 **Sofort-Hilfe**

Die Not-to-do-Liste

Schreiben Sie hier acht Dinge oder Aktivitäten auf. Was wollen Sie diese Woche auf keinen Fall tun?

Tun Sie es dann nicht!

Not to do list:

1.   5.

2.   6.

3.   7.

4.   8.

Über die Autorinnen

Katja Schnitzler arbeitet als Redakteurin und Kolumnistin für SZ.de. Ihr erstes Buch *Die wundersame Welt des Fliegens* ist im Süddeutschen Verlag erschienen. Ihre Erziehungskolumne *Kinder – der ganz normale Wahnsinn*, auf SZ.de veröffentlicht, erschien im Herbst 2014 unter dem Titel *Ich zähle jetzt bis drei ...*. Katja Schnitzler lebt mit ihrer Familie bei München – und wird trotz allem noch von Kollegen zum gemeinsamen Mittagessen in die Kantine mitgenommen.

Cordula Nussbaums Ziel ist es, uns allen das Berufsleben leichter zu machen. Die langjährige Wirtschaftsjournalistin ist ausgebildeter Coach, erfolgreiche Rednerin sowie mehrfache Buch- und Bestseller-Autorin zum Thema persönlicher Erfolg. *SPIEGEL Wissen* bezeichnet sie als »Deutschlands führende Expertin zum Thema Zeitmanagement«. Die mitreißende Rednerin offenbart in ihren Vorträgen, wie wir Hürden im Job-Alltag nicht nur überwinden, sondern einreißen können. 2015 wurde Cordula Nussbaum »Trainerin des Jahres«. 2017 erhielt sie die Auszeichnung »Top 100 Erfolgs-Trainer«. Als einzige deutsche Frau bekam sie die Auszeichnung »Certified Speaking Professional CSP« für ihr verdienstvolles Wirken im Weiterbildungsbereich. Sie lebt mit ihrem Mann und ihren beiden Kindern bei München und liebt es, in der Hängematte zu liegen und zu lesen. Mehr über Cordula Nussbaum auf www.kreative-chaoten.com.

Was Sie nun tun können

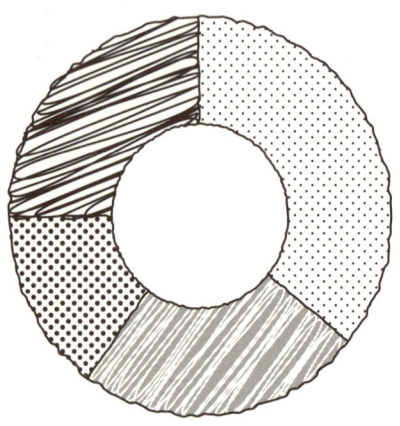

Das Buch noch mal in der Öffentlichkeit lesen, dabei laut und herzlich lachen. Ab und zu den Titel in die Runde halten.

Ein zweites Exemplar kaufen und Ihrem Lieblings-Kollegen schenken.

Ein zweites Exemplar kaufen und Ihrem Lieblings-Konkurrenten schenken.

Das Buch gut sichtbar auf Ihrem Schreibtisch platzieren. Immer mal wieder daraufblicken und nicht zu leise murmeln: »Genauso ist es. Ge-nau-so.«

Anmerkungen

1 Quelle unbekannt

2 Vgl. http//de.statista.com/statistik/daten/studie/254678/umfrage/betroffene-von-depressionen-nach-erreichbarkeit-ausserhalb-der-arbeitszeit/

3 Ein Mini-Tutorial – wie das geht, finden Sie hier: https://support.office.com/de-de/article/Video-Festlegen-von-Kategorien-Kennzeichnungen-Erinnerungen-oder-Farben-a894348d-b308-4185-840f-aff63063d076

4 Vgl. http://www.computerwoche.de/a/keine-e-mails-waehrend-der-freizeit, 2556778

5 Vgl. http://www.handelsblatt.com/unternehmen/industrie/loeschung-bei-abwesenheit-daimler-stoppt-die-e-mail-flut/7430926.html

6 Vgl. http://www.spiegel.de/karriere/frankreich-was-wurde-aus-dem-e-mail-verbot-nach-feierabend-a-1119202.html

7 Mehr Impulse für optimale To-do-Sammlungen finden Sie im BLOG-Beitrag hier: https://www.gluexx-factory.de/mit-der-reisenden-to-do-sammlung-den-uberblick-behalten/

8 Einen ausführlichen Check mit Sofort-Tipps für Ihr Zeitmanagement finden Sie unter www.Kreative-Chaoten.com/selbstchecks

9 Vgl.: https://www.arbeitsschutz-portal.de/beitrag/asp_news/4033/bueroarbeit-die-wohlfuehltemperatur-gibts-nicht.html

10 Vgl. https://rp-online.de/leben/beruf/jeder-fuenfte-berufstaetige-fuehlt-sich-fehl-am-platz_aid-14243381

11 Vgl. Cordula Nussbaum, Geht ja doch! Wie Sie mit 5 Fragen Ihr Leben verändern, Gabal 2015, S. 74

12 Vgl. https://www.heise.de/newsticker/meldung/771-Milliarden-Nachrichten-E-Mail-Volumen-in-Deutschland-2017-auf-Rekordwert-3961288.html

13 Vgl. https://www.gib.nrw.de/service/downloaddatenbank/arbeitszeitflexibilisierung-kompakt

14 Mehr Tipps für »optische Ruhe« erhalten Sie in: Cordula Nussbaum, Organisieren Sie noch oder leben Sie schon?, Campus 2017, S. 150 ff.

15 Einmal im Jahr veranstaltet eine Kollegin von Cordula Nussbaum einen Klar-Schiff-Tag, an dem Menschen aus der ganzen Welt teilnehmen. Sie begleitet diese Aktion als Coach. In der Früh wählen wir uns zu einer Telefonkonferenz ein, wer mag, kann über sein Tagesprojekt sprechen. Dann schwirren wir aus und werden tätig – im guten Bewusstsein, dass im Moment auch gerade andere Menschen »klar Schiff machen«. Nachmittags kommen wir zu einer Abschluss-Telko zusammen und loben uns gegenseitig. Ein toller Motivations-Booster. Mehr Infos dazu im BLOG unter www.GlüXX-Factory.de

16 Cordula Nussbaum, Organisieren Sie noch oder leben Sie schon?, Campus 2017, S. 69

17 Vgl. ebd., S. 263

18 Vgl. Gunnar Herrmann, Elchtest: Ein Jahr in Bullerbü, Ullstein Taschenbuch (8. Auflage) 2010, S. 56

19 Vgl. https://dejure.org/dienste/vernetzung/rechtsprechung?Gericht=LAG%20Rheinland-Pfalz&Datum=30.10.2009&Aktenzeichen=6%20TaBV%2033%2F09

20 Vgl. http://info.monster.de/Umfrage-Klauen-aus-dem-Buerokuehlschrank/article.aspx

21 Scott Adams, Das Dilbert-Prinzip, Redline 2014, S. 105

22 Vgl. http://www.sueddeutsche.de/gesundheit/mangelnde-bewegung-wir-sitzen-uns-krank-1.1496080

23 Vgl. http://www.spiegel.de/gesundheit/ernaehrung/kein-auto-wer-mit-bus-und-bahn-pendelt-ist-schlanker-a-986744.html

24 Vgl. Cordula Nussbaum, Geht ja doch, S. 137 ff.

25 Vgl. http://www.flexible-arbeitszeiten.de/Kompakt/Geschichte1.htm

26 Vgl. https://www.charite.de/service/pressemitteilung/artikel/detail/gendefekt_verstellt_innere_uhr/

27 Vgl. https://www.ncbi.nlm.nih.gov/pmc/articles/PMC2234191/

28 Vgl. http://magazin.lufthansa.com/xx/de/aviation/der-doktor-kommt-von-oben/

29 Vgl. Nussbaum: Organisieren Sie noch, S. 275 ff.

30 Vgl. https://hbr.org/2015/07/the-condensed-guide-to-running-meetings

31 Vgl. https://www.bitkom.org/Presse/Presseinformation/Was-man-mit-dem-Smartphone-in-Meetings-macht.html

32 Vgl. http://www.zeit.de/karriere/2014-05/arbeitszeit-oecd-infografik